女人三十取舍之道

释颢◎编著

中国华侨出版社

·北京·

图书在版编目 (CIP) 数据

女人三十取舍之道／释颢编著 .—北京：中国华侨出版社，
2012.6（2024.7 重印）
ISBN 978-7-5113-2345-3

Ⅰ .①女… Ⅱ .①释… Ⅲ .①女性－人生哲学－通俗读物
Ⅳ .① B821-49

中国版本图书馆 CIP 数据核字（2012）第 079807 号

女人三十取舍之道

编　　著：释　颢
责任编辑：刘晓燕
封面设计：胡椒书衣
经　　销：新华书店
开　　本：710 mm×1000 mm　1/16 开　　印张：12　　字数：136 千字
印　　刷：三河市富华印刷包装有限公司
版　　次：2012 年 6 月第 1 版
印　　次：2024 年 7 月第 2 次印刷
书　　号：ISBN 978-7-5113-2345-3
定　　价：49.80 元

中国华侨出版社　北京市朝阳区西坝河东里 77 号楼底商 5 号　邮编：100028
发行部：（010）64443051　　　传　真：（010）64439708
网　　址：www.oveaschin.com　　E－m a i l：oveaschin@sina.com

如果发现印装质量问题，影响阅读，请与印刷厂联系调换。

三十岁，对于女人来说意味着什么呢？

从什么时候开始，我们改口称自己为"女人"而不再称"女孩"？什么时候开始，我们不再独自站在漂亮的橱窗前看里面精致的娃娃？什么时候开始，我们不再为了另一个人哭得伤心欲绝，不可收拾？什么时候开始，我们学会了作息规律，有计划地锻炼？

有人说，三十岁啊，是一个让人心中多少有些忐忑的年龄。但更多的人会说，"女人三十一朵花"呢！

三十岁的我们，是一种结束也是一种开始。我们结束了懵懵懂懂的少女时代，结束了那些蓬蓬勃勃的稚气与梦想，结束了哭哭闹闹的任性和张狂，开始了一个成熟美丽女人的从容时代，开始清清楚楚地追求理想、开始理智地处理感情和工作，开始淡然若定地快乐生活。三十的我们已在不知不觉中蜕变成一个成熟而有韵味的女子。不管你承认与否，镜中的那个你，已经变得更平和、更自然、更有风情。应该说，三十岁，是一个开始让那些漂亮女孩羡慕的年龄。

尽管三十岁的女人已经被无情的岁月留下了一些淡淡的皱纹，

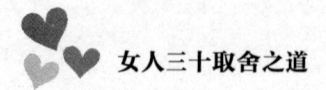

但随之赋予的是令人赞叹的内在气质。尽管很多曾经的美好都已经消失不见，但是随之而来的是一份面对人世的坚毅和自在。虽然我们不再有充分的理由原谅自己的失误，但是我们更懂得如何在纷繁复杂的社会中找到自己的位置，在匆忙而过的人群中找到那个能与自己简单到老的他。

三十岁的女人啊，依然青春，却更加聪慧！我们已经可以在同一时间扮演好几个角色，并把每一个角色都扮演得惟妙惟肖、异彩纷呈。我们越来越懂得简简单单就是福、平平淡淡才是真的道理。我们越来越明白褪下平日里的光环后，宁静地回归简单平凡的生活也是一种风情。我们越来越懂得善待自己，在每周末的晚上，关掉手机，倒一杯红酒，窝在沙发里看着喜爱的电影，享受着属于自己的那份简单快乐。

这就是三十岁的女人，平日里干练果断，闲暇时简单平凡，清清楚楚地知道什么才是适合自己的，不会再为了一时的虚荣而为难自己，不会再为了一时的迷恋而放弃自我。虽然路还很长，也许途中还会有空虚寂寞，还会有不可预计的挫折与磨难，但是我们已经懂得了取舍，懂得如何让自己的人生之路越走越宽阔，懂得如何让自己的心灵越来越自由，懂得舍弃那些生命中的无可奈何，舍弃心灵中那些无用的负担。

三十岁女人的取舍之道，就是这样，舍弃那些原本不属于我们的东西，舍弃那些阻碍我们脚步的障碍，舍弃那些拖累我们的重担，舍弃那些让我们感觉疲惫的思考方式。取一份理智、一份聪慧、一份从容、一份魅力、一份纯真、一份潇洒！让我们的每一步都走得更踏实，让每一句话都更温和，让每一个眼神都更友善，让每一个行动都更理智，让每一份爱都更浓郁纯真，让每一天的工作都更轻松顺利，让生活更幸福快乐！

目　录
Contents

第一章

取熟舍幼——三十岁后，从女孩变女人

女人，既可以高贵大方，又可以简单清新，既可以沉静如水，又可以热情如火。岁月如斯，女人三十，温情不减。虽然告别了青春，却优雅快乐地成熟起来。如果女人的一生就是那么一条曲线，那么三十岁，无疑是曲线上非常特别的一个分界点。在这点上，你缅怀青春，品味时间的流逝给你带来的淡淡失落；在这个点上，你不经意间稍稍张望，就看见了曾经历经的种种悲欢场景以及那些或许不再熟悉的面孔；在这个点上，你努力地学会承受，在感受得失之时也添了一份对人事的宽容与理解。

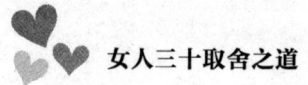

取长补短——气质女人打造内涵韵味

当你看着杂志封面、电视荧幕上那些风姿绰约的女人感叹时，应该想到在这个世上，没有一个天生就美貌聪慧的女人，所谓"天生丽质"，也需要后天的努力才能维持长久。每一个人都在不断地完善自己，发扬自己的长处，规避自己的短处。作为女人，更需要准备打一场长久的气质修炼战。"相由心生"，讲的就是气质的重要性。一个三十岁的女人，应该具备的是自然而然散发的优雅气质。

取稳舍浮——步步为营做好人生的选择

三十岁的女人，不再能轻易地找到一个借口为自己的错误埋单。女人三十，浮躁的小女人脾气应该褪去，取而代之的是稳重的处世方式。与那种肤浅、矫情的女人相比，三十岁女人有了更多内涵、温和、知性、包容、智慧和稳健。这样的女人，开始呈现"海纳百川"的气度，也学会在人生选择中忠实于自己内心的真实感受。

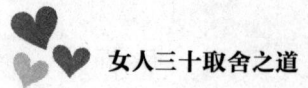

第四章

取优舍缺——抛弃缺点，获取优的释放

人都有缺点和优点，能正视自己的缺点是一种洒脱的心境，能放大自己的优点更是一种处世的智慧。三十岁的女人，经历了岁月的洗礼，应该已经懂得自己的性情，也应该积极探索充分享受生活的方式，不让自己再被生活的琐事困扰，不让自己被平庸的生活所掩盖，更不要让自己的心在计较中变得疲惫。三十岁的女人，应该是平衡的、优雅的，也是令人羡慕的。

第五章

取信舍疑——三十岁的女人破译爱情必胜秘诀

人们常说："婚姻是爱情的坟墓。"于是恋爱中的人们常常对婚姻有着恐惧感，生怕自己一不小心就踏入坟墓里。对于这个观点，著名的励志大师戴尔·卡耐基说："许多做妻子的，实际上是连续不断地一次又一次地在泥地挖掘，完成了一座婚姻的坟墓。"自掘坟墓这种事每个女人都不会愿意做，可事实上却有太多女人在进行着这件令人不可思议的事情。喜欢叨唠、不信任、不恰当的对话方式、违背初衷的处世方式，这都是女人自掘坟墓的表现。怎样让自己的爱情长久、婚姻幸福呢？少一分怀疑，多一分信任。减一分陈旧，添一分新鲜。少一分计较，多一分宽容。三十岁女人应该学会的爱情必胜秘籍就在此。

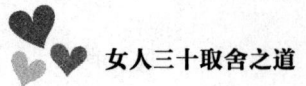

第六章

取悦舍困——幸福好心态的必取之道

人们说女人是一道风景。或是一幅朦胧温婉的江南水墨画，或是一幅色彩明快的海岸画，或是一幅大气宽广的草原风光，也可能是一幅阴郁哀伤的烟雨图。当你成为别人眼里的风景时，带给别人的是愉悦、是温馨、是哀愁、是伤感就完全由你把握了。人生的路上难免有挫折、有困境，但是作为三十岁的女人要学会放松自己，从阴霾心情的困局中跳出来，让自己心情愉悦，那么生活的一切也自然会向着更好的方向发展！

第七章

取智舍愚——职场拼搏成就一番碧海蓝天

职场如战场，每天都会有战争发生，虽然不似古代战场那样硝烟肆意，生死相搏，但是女人身在职场，学会用智慧为自己的职业生涯出谋划策，用坚毅刚强去面对职场的挑战，用从容大度去面对职场的输赢，用灵活变通的心去应对职场的关系，舍掉那些小女人的计较、柔弱、忌妒与任性，你一定能在职场成就自己的一番碧海蓝天！

第八章

取实舍虚——付出加回报，获得好人缘

人的一生中会遇到很多人，会得到一些人的帮助，自己也会帮助很多人，有些人还会成为你的朋友、你的同事。在人生的旅途上，三十岁的你要学会不吝惜自己的付出，同时，别人帮了你，你就要感恩回报。不一定大声地告诉别人你在帮他，或者正在回报她，只需要用心默默地去做，对方就会感受得到。那些只会耍嘴皮子的虚伪之人终将被众人冷落；而那些真心实意、真诚相待的人会不断地获得好人缘，获得持久的温暖。

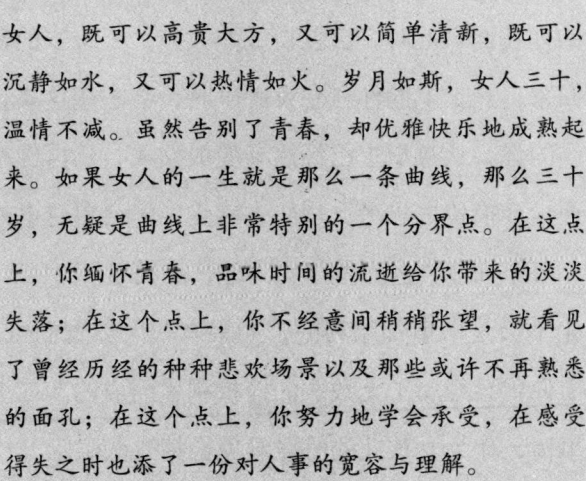

第一章
CHAPTER 1

取熟舍幼——
三十岁后，从女孩变女人

女人，既可以高贵大方，又可以简单清新，既可以沉静如水，又可以热情如火。岁月如斯，女人三十，温情不减。虽然告别了青春，却优雅快乐地成熟起来。如果女人的一生就是那么一条曲线，那么三十岁，无疑是曲线上非常特别的一个分界点。在这点上，你缅怀青春，品味时间的流逝给你带来的淡淡失落；在这个点上，你不经意间稍稍张望，就看见了曾经历经的种种悲欢场景以及那些或许不再熟悉的面孔；在这个点上，你努力地学会承受，在感受得失之时也添了一份对人事的宽容与理解。

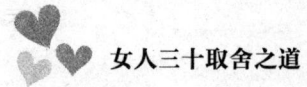

意识认知是女人转变的第一步

三十岁的女人，一路走来，经历了多少故事，历经了多少坎坷。曾经的你，会为了他而心碎，为了他而号啕大哭；曾经的你，会因为贪玩而彻夜不归；曾经的你，会为了一些琐事而大发雷霆。如今三十岁的你，回头看那些往事时，你会很诧异，会去怀疑，不用怀疑，那就是曾经的你。三十岁的你，舍的是年少无知、轻狂肆意，取的是成熟思考、从容强大。

三十岁的你在面对他时，会变得成熟大方；三十岁的你想玩时，会记得晚上要回家；三十岁的你在想发脾气时，会去想这事真的值得发脾气吗？这时候的你，从意识上已经逐渐变成女人，不再像小女孩儿那样的任性，反而学会换位去思考，用心去感受，学会置身事外地去客观评论每件事情、每个细节，进而做出更为理智的判断。

人的一生不会是事事都顺利的，如果有一天你真的可以心想事成，那么也是由于你曾经经历了无数次的挫折积累而成的。二十几岁的你一遇到难办的事情，作为女孩儿的时候难免会掉几滴眼泪，或是将内心的不满转化成暴躁的脾气发泄出来，可是哭过了，脾气发泄了，又能解决什么问题呢？生活还是要继续的，我们还是要硬着头皮去面对这样那样的不顺利。

兰兰是一家公司的行政经理，快要三十岁了，有着经济和法律双学位的她却只能进一家研发公司做行政秘书。她当时闹情绪，加之对工作内容不熟悉，总是难免遇到委屈。因此，躲到复印室去暗暗抽泣也就成了常事。有一天，当一位跟她同时进公司的研发部同事兴致勃勃地炫耀她被评为先进，还要加薪时，兰兰心里一直压抑的情绪在一瞬间爆发，泪水马上就要流下来。怎么办？怎么办？她推开椅子向外冲去，想用手上的文件来掩饰脸上的泪痕。此时，主管出现在她面前，拍拍她的肩，轻声说："兰兰，你应当去洗手间，整理完自己的情绪之后就会好得多。"

她捂着脸，飞快地冲了出去。站在卫生间的大镜子前，兰兰让哭泣毫无顾忌地响在空洞的洗手间里……过了好久，有一只温柔的手递过来一张面巾纸，是主管。泪水模糊中只听到主管柔声说："哭吧，有什么事别老忍着。我平常看你总绷得紧紧的，还不如哭出来释放一下自己的情绪……"

当抽泣声慢慢停止后，出人意料的，兰兰觉得自己数个月以来的郁闷心情居然一扫而空了。她开始郑重地思考这个问题：想哭的时候，到底应当强忍着还是哭出来？最后，她下定了决心，绝不再当众哭泣，而且她学会了给自己一个空间，让自己的情绪能得到适当的发泄和整理。

流眼泪和发脾气是女性的天性，与生俱来的，这无可非议。但这对

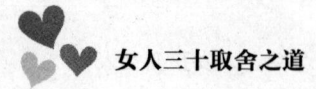

于职业女性来说不再是令人心生疼惜的武器。眼泪只能让别人在私底下对你产生同情，在工作上对你失去信心。试想如果一个人遇到一点小小的挫折，就只会发脾气、掉眼泪，不能够想办法去面对、去解决，那么谁还会相信她有能力去承担和解决问题呢？所以，当挫折侵袭时，作为三十岁的女人，收起眼泪吧，微笑着告诉自己："我已经长大了，我要坚强，我不能乱。如果在这里被困难打倒，那未来之于我还有什么……"

当然，生活不会是风平浪静的，人生更不会一帆风顺。你的情绪出现一些波动是很正常的事情，可是如果遇到一点点不顺心、不如意的事情时便火冒三丈，大发雷霆，乱发脾气。结果不但是解决不了问题，反而会伤了彼此间的感情，弄僵了关系，使本来就不如意的事更加雪上加霜。所以，与其让生气产生的不良情绪严重损害身心健康，不如学会控制自己的情绪，时刻提醒自己用脑袋去思考事情，考虑每个细节，不再为了一个小小的不顺心而大发雷霆。因为这时候的你已经从一个任性的女孩蜕变成为一个会思考、会控制情绪的成熟三十岁女人。

从前有个很爱发脾气的女孩，大家都不愿理她，因为她的脾气实在是太大了。有一天，她的爸爸给了她一袋小钉子，告诉她："以后，当你每次要发脾气或者要跟人发生争执的时候，就在院子的篱笆上钉一根小钉子。"第一天，这个女孩一共在篱笆上钉了23根小钉子，她自己看了后，都觉得很诧异，有点难以接受。接下来的几天，女孩学会控制自己的脾气，不会动不动就发脾气，自然而然，每天钉的钉子也就慢慢地减少了。再后来她渐渐发现，要控制自己的脾气比钉钉子要容易得多了。

直到有一天，她一根钉子都没有再钉过，她第一时间把这件事告诉了她的爸爸。女孩的爸爸说："孩子，从今以后，如果你一天都没有发一次脾气，那么你就可以在这篱笆上拔掉一根钉子。"日子一天一天地过去了，最后，钉子全被女孩从篱笆上拔光了。爸爸带着女孩来到篱笆边上，对她说："女儿，你做得很好，可是你再看看这篱笆上的钉子洞，这些被钉子钉过的洞永远也不会恢复了，这就好像你和一个人吵架，说了些很难听、伤害对方的话，这时的你就在对方的心里留下了一个伤口，就像这个钉子洞一样。如果插一把刀子在一个人的身体里，再拔出来，伤口就难以愈合了。无论你怎么道歉，伤口总是在那儿，不会愈合。"

其实这些不能再复原的伤口又何尝不是钉在我们自己心里呢？只为了一时的气愤，图一时的口快，一时的任性与发泄，却不知在伤害了别人的同时也深深伤害了自己。事情过后，你再回首想的时候，你会问自己："那时候我怎么就那么做了，我为什么要那么说，怎么会发那么大的脾气呢？"可是伤害却难以平复。因此，不如在生气的时候，先给自己几十秒的时间反问自己，真的要这么说、这么做吗？怎么做才是最好的，怎么做才能化解问题，而不是制造问题。只有经过了思考和斟酌后，你的意识才会不断地提高。而在这个过程中的你，从意识上已经变成一个成熟的女人了。

如今，我们已经成熟，历经了30年的岁月，作为女人，我们的步调越来越稳健了。我们开始意识到，当遇到难题的时候，第一件事情就是要去思考解决方案，而不是坐在那里说一连串埋怨的话。三十岁以后，我们开始学着收起自己的眼泪和脾气，因为我们要在今后的奋斗之路上选择坚强，不管是为了梦想也好，还是为了更好地活着也罢，随着身上

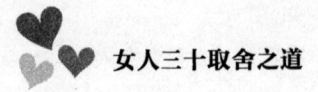

的担子越来越重，我们必须让自己迅速地成长、强大，拥有独当一面的能力。

成熟是一种气质，成熟的女人首先要懂得控制自己的泪腺和脾气，尽管不至于打落牙齿和血吞，做一个女强人，但是也要渐渐学会以一种成熟的姿态面对别人。想由内而外地散发出成熟的气质，那么就舍弃你的情绪化吧！三十岁的女人，从意识上蜕变成一个女人，要能觉察自我的不良情绪，同时也要能灵敏地觉察他人的情绪，进而更好地获得沟通的方式，并且要懂得以鲜活的心情面对人生。

学会接受现实，并且好好享用

现实是荆棘丛林，如果说二十岁的女孩是美艳的花朵，稍不留神就会受伤流血，那么三十岁的我们应该是荆棘中勇敢的行者。我们不再是两手空空，行囊里也不再只有眼泪。我们的眼睛也不再只落在那些锋利的刺上，我们的肩膀已经不再只会披上别人为我们准备的华衣，我们的手不再只会戴标着高额价格的珠宝，我们更懂得简单轻松的装扮更利于行走，更懂得欣赏在丛林中不断对抗与胜利的美感。

人们常说的一句话是女人是感性的、情绪化的，男人是理性的。这句话虽然有些绝对，但也不是没有道理。在大多数场合下，大多数的女人在处理事情时，总是感性多于理性。但是如果我们到了三十岁，还是动不动发脾气、掉眼泪，还是那么的情绪化、以自我为中心，那么不仅会让周围的人无所适从，而且还会对自身造成不可避免的损失，更会被归结为心理承受力差和性格软弱，认为你经不起大风大浪的侵袭，难以担当重大责任，最终对生活和工作都造成极大的影响。

明子是一家大型企业的高级职员，她的能力和才华在公司里是有目共睹的，无论是工作能力，还是文字水平，均是堪称一流的人才，这一点连她的上司也是给予充分肯定的。明子的性格热情大方、率真自然，颇受同事们的欢迎，深得上司的喜爱。但也就是这率直和不加掩饰的性格，在某些时候竟然也成了她事业发展中的致命伤！

最近一段时间，上司对一位无论是资历还是能力和业绩都不如明子的女同事特别关照，也没见她干出什么出色的业绩。她做事总是磨磨蹭蹭的，却总是好事不断，什么提职、加薪等好机会都有她，一年之内竟然被"破格"提拔了两次，让人很是羡慕。明子心里越想越难受，为什么自己工作干了一大堆，也创造了十分亮眼的业绩，却不被提拔呢？她怎么也想不明白，真是又气又急又窝火。为此，明子的工作情绪一度受到影响，陷入低落状态。

这时，一个平常和她关系不错的同事，见到明子这副沮丧的样子，便告诉了明子她的看法，她认为明子之所以会出现目前的状况，虽然原因是多方面的，但最主要的一条，就是明子犯了职场中的大忌——太情绪化了，不能以比较平和的心态去接受现实。

听了同事的劝告，明子有些醒悟。其实，明子也想让自己"老练"

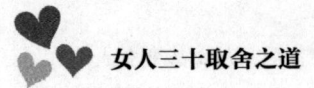

和"成熟"起来，然而，一碰到让人恼火的事情，她就是控制不住自己的情绪，尽管事后觉得自己有失理智，但当时就是不能冷静下来。久而久之，明子在公司里备受冷落，同事们也不敢轻易跟她说话了，明子的事业也因此陷入了彻底的困境之中，她的心情更是落入低潮，觉得生活太无趣了。

情绪化的反应，可以说是女人的通病。也许在你身旁有很多人，工作没你努力，也没你有才华，但是他们却得到了升迁，得到了重用，这个时候的你不应该气愤，更不要负气，因为这已经是个事实，你要学会去接受它，然后就要开始去想，是不是自己哪里做得还不够好，或者哪些方面在这个大环境中不被认同。如果实在想不通，可以跟前辈们沟通一下，毕竟他们是过来人，能够给你一些提点。在前辈点出问题的时候，也许有些难以接受，但是也要试着去接受，或者换个角度去思考问题，不要一负气，做出了更不利于自己的事情。很多已经发生的事情要去接受，不要为了已经发生的事情再去计较什么，而是应该去想在这件事情后，你能学会什么，并且好好享用你所体会到的。

女人要在自己的人生中学会接受现实，学会让自己坚强起来，这个世界有时候是温暖的，但有的时候也是冷漠无情的，它的游戏法则是弱肉强食的，更不会同情只会无助和落荒而逃的人。

但华香，一位还正值青春年华的女子，2001年成为美商网的中国区市场部经理，2002年"愚人节"之际成立脑盟企业"快乐高尔夫"。这个企业以高尔夫为载体，组织面向高端女性的营销活动及俱乐部管理工作，一手组建了上海第一支女子高尔夫球队和中国第一支高尔夫模特队。但华香因此获得中国妇女报等主办的"2005中国经济女性年度突出成就人物奖"，是获奖者中年龄最小的一位。

但华香虽然不是那种容貌十分艳丽的女性，但她的皮肤非常健康，脸上总是闪烁着青春的光泽和活力。听她说话，你很快就能感觉到她是一个机敏和友善的女人。

回首自己的创业道路，但华香总是流露出一种轻松淡然的微笑，你可以从中看出她对待成功的豁达与平和。这与她的年龄特征是不太相符的，或者说，她比起自己的实际年龄要成熟得多。其实，她与所有创业者一样，经历了许许多多的艰辛和磨难，只是，她在现实的打拼中逐渐学会坦然面对挫折、接受现实的考验，并笑对人生。女人应该明白，现实它就在那里，你抱怨或者哭泣都无济于事，未来的路还是要靠自己。即便有一天摔倒了，也不能再像个孩子一样当众落泪，而是要在最快的时间内重新站起来，告诉自己，没什么大不了，现实里谁不会跌倒呢？只有这样，三十岁的你才能越走越勇敢，眼睛越来越明亮。

也有的女人，天生容易感伤，她们说世界变化得太快，并且无常，未来如何根本无法预测，也不可能知道将来会发生什么事情的，因此抱着一种得过且过、逃避现实的态度。但是想想，这种无常大概也是人必须接受的一种，不是吗？与其在这种自然的无常中感伤，不如将自己磨砺得更积极乐观，游刃有余地穿梭在不同的环境中，享受这种实实在在的现实，不是很好吗？

三十岁的你，不要再轻易地将自己当做一张没有折叠过的纸一样示

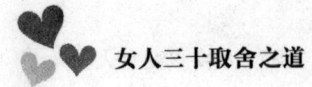

于人前。这时候的你，步调应该是从容的，遇事应该是冷静的，更有管理自己情绪的能力。你可以宣泄自己的脾气，但是走到自己家的卫生间里再开始。你可以流眼泪，但是请确保自己的情绪不会干扰到周围的人。在发泄完自己的情绪过之后，记得将自己放在阳光底下，再折成美丽的千纸鹤，展现在众人面前吧。

汲取岁月精华，不断自我完善

女人三十一枝花，这句话相信很多人都听过。既然是花就需要阳光，需要雨露。曾经的青春岁月，不论你经历过什么，有过什么样的往事，毕竟已经渐渐地远离了我们。午夜梦回时，与其为之烦忧，不如试着换个角度，将之归为青春的印记，放在心里的某一个角落，偶尔在暖日的宁静时刻拿出来晒晒太阳就好。而现实，我们仍然需要不断地成长，不断地在这些经历中获得向前的力量！

三十岁的女人，生活轨迹不长也不短。说她们已经经历过种种人间冷暖，有装深沉之嫌，说她们还怀着少女般的单纯浪漫，又有矫情之嫌。但反过来想，这个年龄真好，比起不谙世事的小女孩，她们更大方，在生活中也已经流露出淡然若水的处世方式，即使偶尔情绪会很糟糕，但是又能多个角度地来思考自己和周围。比起那些悲叹岁月的女人，她们又更有活力、更有接受生活、改变生活的能力与心境。

这样一个美好的年龄，当我们在面对自己时，回想起曾经的很多事情，还会不会有那么一点点的怅然若失呢？毕竟岁月总会带走我们一些东西，那一个曾经与自己海誓山盟的人也许早已消失在了人群里，又或者是曾经那个能一口气跑 800 米的自己已经不在，又或者我们在人生关键的时刻错失了一次良机？

这些，我们在三十岁的时候，是否都能够释怀？

护士出身的吴士宏被尊为"打工皇后"，她是唯一一个在如此高位上的女性却只有初中文凭和成人高考英语大专文凭的总经理。从一个打工妹到总经理，她的故事又是怎样的呢？

吴士宏从小就不漂亮，为了弥补这个"缺陷"，她就拼命发挥自己的长处，她拼命地考第一并第一个交卷。她带着男孩子们去淘气，再后来她进篮球队，成了唯一学习好的篮球队员。于是，她也拥有了一份骄傲，她相信自己也不比漂亮的女孩差。

她初中毕业后就被分配到一个街道小医院当护士，不幸的是她还生了一场大病，四年中三次报病危却侥幸存活，但模样就更糟糕了。她很痛苦，甚至想："我还能像原来那样活吗？"大病之后，吴士宏似乎对生命悟出什么，决定自学英语。她依靠一台小收音机，用了一年半的时间学完许国璋的三年英语教程，并通过成人高考取得英语专科学历。那时，她没钱没时间，一天 24 小时，8 小时工作是铁定的，她换成了夜班，从零点到五点半能偷出 4 个小时，她 2 小时花在路上，4 小时吃饭睡觉，上厕所不耽误看书，余下的 10 个小时学习时间对她来说已经够本了。

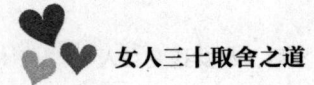

当她走进世界最大的信息产业公司 IBM 公司的北京办事处，顺利地通过两轮的笔试和一次口试后，她又向亲友借钱买了一台打字机，没日没夜地敲打了一星期，奇迹般地敲出了专业打字员的水平。她成了"蓝色巨人"IBM 公司北京办事处的一名普通职员。但在 IBM 的前几年，她扮演的是最卑微的角色，沏茶倒水，打扫卫生，完全是脑袋以下肢体的劳动。几次屈辱的经历使她再也不能忍受低微的命运，她开始偷偷地找机会，她去找高级员工中她唯一敢去说话的人，一个优雅的美国人苏珊。苏珊给了她考试的机会！她居然考过了，成了不可思议的"助理工程师"！没有高学历，曾经是打工妹，又有什么关系呢？吴士宏在岁月的流逝中一次一次突破自己，时间过去了，十年之间，她早从那个小护士变成了优雅的成功女人，而从前的那些经历不但不会让人瞧不起，反而是由衷地佩服。

岁月，它们就是这样一种奇怪的东西，它们不能自己灭亡，看似无生命，但是却又总是企图在某一个时刻朝你劈头而来，让你很有可能将自己掩埋在后悔、自卑与感伤之中。但是如果我们将岁月理解为自己的帮手，它帮助我们褪去粗糙，沉淀一份精致与美好，那我们会不会快乐很多？

在岁月中穿行，需要保留的恰恰就是一颗向着美好与光明的心。我们都希望生命是平稳顺遂的，然而，正是在人生的风浪颠簸中，我们才能重新定义自己，并且重新选择。是要紧缩在花苞中，用忐忑不定的模式运作我们的人生，还是愿意破茧而出，享受绽放之后的美丽。将自己缩在时间的阴影中，会让自己成为岁月的"鱼肉"，它不仅在我们脸上刻画纹路，更在心里给我们投下一大片一大片的阴影，让我们不见日光。而破茧，虽然痛苦，但是有美丽可以期待。混在时尚圈的人没有不认识她的。

她被大家尊为"金老师"。大家总是喜欢问这样的问题："金老师的声音为什么那么好听啊？""金老师，告诉我一些变美的方法吧！"金老师本人却常说自己的五官不漂亮，但没人不觉得她是一个让人舒服的养眼女人。她总是素雅白衣加一些精致的点缀，步态不急不慢，宛若一朵馥郁的茉莉，翩然中氤氲着气定神闲的从容。她的美不晃眼、不艳丽，没有华服和高跟鞋裹出来的咄咄逼人。她的笑浅浅的，细细的眉弯里有种软软的光泽，从发丝到香味都是那么服帖。

当别人一问到究竟怎么样才能这么气定神闲？她会告诉你："可能跟我学的心理专业有关，也跟我的年龄有关，你得到了一定的年龄才会有这种定力。"具体说来，从容的美"妆"不出来，是修来的，她从大学开始至今一直保持一个星期读完一本厚书的习惯。并且不管岁月如何流逝，她都给自己贴上幸福的标签，去努力发现生活中美好的事物。

她也大大方方地承认自己怕老怕胖，卧室里必定有一个体重计，每天花很多时间护肤，固定去美容院……她说："这意味着女人不放弃自己。不放弃自己，并不代表脸上不许有一条皱纹、一块斑，而是尽最大的努力让自己很鲜艳，同时又必须臣服于岁月。所以，我会有白头发、皱纹……"

金老师的美，其实总结下来，是女人经历岁月打磨后的现象，一颗明澈的心，始终保持着对自我的追求，岁月才不至于划下蹩脚的痕迹，转而沉淀出一种别样的美丽来。女人三十，该和金老师一样，成为一个

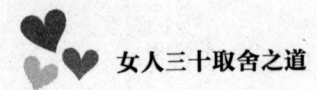

懂得与岁月打交道的人。对待年龄，对待岁月，不求在事业的道路上达到巅峰，也不求爱情婚姻完美无缺，但求一份不放弃自己的美丽。这样，虽然不能留住永恒的美，但至少多了一份岁月渐老而我愈精的潇洒，多了一份在流逝的时间中仍然自信满满的女人味。

就此，面对镜子，挺胸收腹，眼朝前方，扬起微笑，你会看到一个与平常看到的不同的自己。

到了三十岁，生活的快乐与否不再是简单的外在影响，更是内在对于外在的应对。过去永远有辉煌和阴影，世界也永远有好心情和坏心情存在，为什么我们不能只吸取快乐精华，而自动舍弃那些毫无意义的投影呢？二十几岁不好的际遇，忘掉就好，二十几岁没有做好的，现在依然可以去做好。如果曾经快乐，就将这种快乐延伸、并常常微笑。如果曾经懊悔，就让往事随风，让心的容器空一点，再温暖一点。心一旦和温暖的力量相伴，岁月来袭又算得了什么呢？

清纯到成熟，时刻保持最好的自己

二十岁的你是清纯，是天真的，三十岁的你逐步地走向成熟。在这段岁月中，你的性子得到了磨砺，你的身心得到了提升，但是你还要记得，无论何时，都要保持最好的自己。保持最好的自己，要懂得爱自己，真正为自己打算！

　　有一位将要三十岁的女人，因为夫家的经济条件很好，结婚后就辞掉了原本的工作，在家里做起了全职太太，衣来伸手，饭来张口，还有保姆伺候，很是被周围的朋友所美慕。在别人看来，她的生活就是幸福的模板。

　　但是渐渐地，朋友们发现她并不快乐，为什么呢？之前，她虽然只是一个公司的小职员，但是起码每天有必须完成的工作，还有很多同事，可是现在长期在家，跟外面的世界完全脱钩了，和昔日女友之间的谈话也越来越少，也不再能结交新的朋友，每天面对的只是空荡荡的大房子，没有人陪她说话，更没有人陪她出去散心逛街。她的脾气渐渐变得越来越暴躁，也越来越没自信。每次跟老公提家用的时候，都觉得特别心虚。每次独自在商场购物，也觉得不是自己劳动所得心中总会不安，尤其是和老公闹完别扭以后，觉得自己又低人一等了。

　　她决定改变这种状况，不再让自己做一个无用的花瓶。于是她外出找了份工作，虽然工资并不高，但是足够她的日常花销了，生活也比以前充实得多。周围的朋友和她的老公都觉得她又变了一个人似的，比从前更有魅力了。

　　这个女孩子的经历并不特殊，很多女人都会在可以闲下来的时候就完全放松了自己，以致让自己逐渐被淘汰而不自知。走出了家庭，从前所学的、所拥有的技能通通作废，很快，心情低落，生活处处不顺，遇到事情也只能将就着、委委屈屈地承受着，更谈不上幸福快乐。

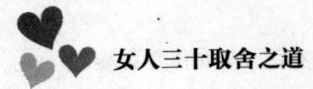

不管从前的你多么优秀，到了三十岁，一旦进入另一个角色，为丈夫，为工作，为孩子，为家庭……在脑子里和行为上，在更多的时间里，都忙于应付其他各种需要反而忽略了自己。所以，女人三十，更应该保持最好状态的自己。

这时候，不要忘了在得到别人的认可之前，首先你身为自己需要一些什么呢？一个有魅力的女人，绝对不会是因为她仅仅做好了她所处的角色。保持那一个和从前一样轻舞飞扬的你吧，不是单纯地以愈见增长的物质来满足自己，更不能以别人对你的期待来评价自己。

香港贺岁喜剧电影《家有喜事》系列中吴君如扮演的妻子论贤惠无人能及，伺候着家里的老老小小，仿佛是一个超人，光是一顿早餐就可以看出来，五个人五种早餐，小叔想吃火锅，她便可以马上去准备。

可是这位贤妻整日蓬头垢面，所穿的衣服都难看无比。丈夫带她去高级餐厅吃饭，她却说这个贵那个贵，最后竟然将老公拉回家自己做饭吃。

最后她撞见了丈夫和情人幽会，而老公表示自己受不了妻子的"没有情趣""黄脸婆"的形象，两人最终离婚。受到打击的妻子，一边愤怒，一边觉醒，她决定要转变。尽心打扮后的她艳丽四射，高贵优雅，魅力尽显。再与丈夫见面的时候，丈夫也震惊于自己妻子的变化，觉悟之后的丈夫认为自己还是爱着妻子的，而妻子也是最适合他的，因此开始反追。

女人三十，诚然不得不为周围的人付出很多，可是别忘记，当我们在脑子里想着这个牵挂着那个的时候，是不是也会想一想自己爱了自己多少？在这个不进则退的世界里，当成熟的你为了家庭付出时，别忘了，你应该有更广阔的生活，有更美丽的未来，有可以更精彩的现在！

不如放下手里的一切，看看自己吧，检查自己是不是蓬头垢面，像个只会做家务的保姆？检查自己是不是很久以来都脑袋空空，并没有为自己的大脑注入新的活力？检查自己是不是经常蹙着眉头，有多长的时间没有放声大笑过了？检查自己的桌子上有什么是为自己添置的？检查镜子中的自己，是看起来疲惫不堪无精打采，还是自信满满、活力十足？

如果你发现了危险的信号，也许思考的时间到了！

奥普拉在她的同名杂志上向传统的美的观念发起了挑战：她认为自己在五十多岁的时候最美。并且她真的证明了这点，五十多岁的她比过去更迷人、更苗条、更富有。富可敌国的她慷慨地资助着非洲大批居民。她还会时不时地送辆汽车给她的观众。而作为三十岁的我们，难道更不该拥有自己的最好状态吗？

秀侬今年 35 岁，结婚 10 年了，依然和老公十分恩爱。

老公下班比较晚，秀侬一般是自己先吃一顿晚饭，然后再陪丈夫吃一顿。为了保持苗条的身材，她在晚饭后都要做运动，平时也会注意饮食，因此即便吃两顿晚餐，也没有影响到秀侬的身材。

在平时，秀侬都会化妆，即使是周末在家休息的时候，也会简单化一下妆。朋友问她，这么老了，化妆给谁看？秀侬笑了笑："当然是给老公看。自从上了年纪之后，我自己看着自己的脸都难受，更何况是老公？他一定不愿意看到一个黄脸婆。而且打扮得漂亮一些，我也会比较有信心。"

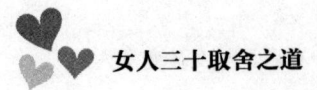

秀依平时和老公出去的时候一定会注意自己的妆容，一定要以最好的面貌和状态出现在老公面前。老公看见这么光彩照人、气质优雅的老婆，自然也是高兴的，并且在外面也会感觉有面子。

要保持最好的自己，爱自己是最重要的。一个将自己放在明朗阳光下的人，会在温暖之中获得对生活的积极感受。而一个看不到自己的人，眼里总是会有挥之不去的灰色。

此刻，不如出去走走，放松心情，释放积压的情绪，抬头看看更为广阔的天地，让自己亮起来，告诉别人，即使我是熟女，也可以这么明媚无敌！

三十岁，是女人一生中最为绚丽的花季，既是花季，就应该生活在阳光之下，就应该继续为保持自己的芬芳与香气而努力。风雨来袭又算得了什么，我们已经不再是那个经不起风雨的花骨朵，也不再是那初绽的柔弱姿态，就算盛夏将散，初秋也是一个内涵深刻的季节。开在初秋，更令人赏心悦目，更能在清风中向人昭示生命的至美至纯！

有自己的兴趣爱好，一切可以更美好

作为一个三十岁女人，你可以是一个经营全家琐事的温柔妻子、一个照顾老人日常起居的孝顺儿媳、一个让孩子依恋的妈妈，但是，我们也不该忘记，在兼顾这些角色之前，我们首先要做我们自己。我们可以没有了自己的工作，但是，我们一定要有自己的爱好，这些爱好使得我们不再只是屋子里一个每天蓬头垢面忙着家务琐事的女人，而是一个懂得装点生活、丰富人生的美丽女人。

越来越多的女人抱怨，好像自己的人生不再属于自己，为什么呢？法国版 ELLE 曾经做过一项调查："假如我们对你的恋人或丈夫做一次采访，那你最想从他们的嘴里知道些什么？"被调查者都不约而同地回答："他还爱我吗？"他还爱我！这就是女人想从她们的男人那里得到的答案。而我们想问的问题却是："你还爱自己吗？""你知道自己还爱什么吗？""你还给了多少时间和爱给自己？"让我们来数一数自己身上的担子都背了些什么东西吧！

不知道这是不是传统遗留下来的问题，当一个女人到了三十，似乎她可做的应做的就是守着一个家，一家人的衣食住行就是她的全部。即使她有自己的事业，当家里稍有差池的时候，责任也总是在三十岁的女人身上。这真是一个荒谬的现象，但确实是大量存在的现象！

烦琐的家庭事务、紧张的工作早已把三十岁女人压得喘不过气来，偶尔有点闲时间也只想什么都不做，好好地补个觉而已，这种生活模式多么像一台频繁使用的机器！追其原因只有一条，那就是你活得太紧张、太忙碌了，应该空出一些时间留给自己。你还记得自己年轻时候的那些兴趣爱好吗？重新捡起你丢弃已久的兴趣爱好，就一定可以找回快乐，它们对你的重要性也许你自己都没有意识到，即使有时你说起时，别人也没把它们当回事！

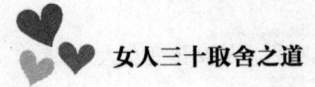

　　以前，张女士的人际关系总是很紧张。在公司，同事们都说她脾气很怪，说话语气都能呛死人。而今，同事都说张女士一下子变了一个人，变得既随和又亲近，大家在一起没大没小，偶尔还会开开玩笑什么的。张女士把这些功劳都归结于找到了自己喜欢的兴趣爱好上，那就是做手工缝纫。从不会到会，从会到精，张女士经历了一个漫长的过程。每天下班之后，收拾完家务，张女士就开始练习，学着画图、实践，给儿子做过年的新衣服、冬天的棉衣、棉夹夹。给儿子做完，就给自己做，然后就给同事做，每次做完她的心里都特高兴。慢慢地，她的手艺越做越好，就走出家门，给别人做。收取一点加工费，做的时候总是觉得收费太低，可是一看到客人满意的样子，就全忘了自己的辛苦，下次依然如故。连老公都说她，纯粹是在自娱自乐。

　　张女士说："做手工缝纫，讲究的是宁静！不急不躁，才会裁好缝好；才会在做的时候有无数个创意，才会有乐趣；才会使自己的客人赞不绝口，客人的夸奖让我一直都特有成就感、特高兴。我就是这样用业余时间多一点点的辛苦换来了多一点点的幸福，越来越感觉到生活在这个时代真好，自己的快乐可以和更多的人一同分享。"

　　就是这一点点的兴趣爱好，让张女士的心平静下来，不再觉得生活对自己不公平。反而感谢上苍对自己的眷顾，让她有了这么一个健康的儿子、爱自己的老公。张女士说："虽然儿子的学习差强人意，爱我的老公也其貌不扬，但是我们生活得很幸福。我会将我的这个兴趣继续下去，尽管那只不过是自娱自乐，但它确实改变了我的生活……"

　　是的，我们每个人都会有一个或多个兴趣爱好。当我们躺在沙发上静静地聆听那些触动自己心灵的旋律，享受那一份恬静与悠然时，当我们手捧一本自己钟爱的书，静坐在公园的长椅上时，当我们满手铅灰，认真地临摹一张喜欢的风景画时，又或者像张女士那样在灯光下用花花绿绿的布块缝成一件件漂亮的小物件时，这都是多么唯美又有恬静的画面！相信那时的画中人也一定心中充满了愉悦和力量。

三十岁，应该是女人最懂得生活也最容易将生活过得精致的时期，这时期的物质积累已经不再像二十岁时那么贫乏，这时候不再会出现有兴趣却没法实现的尴尬。同时，拥有自己的兴趣，并且乐在其中，也是品味生活的体现之一。不论你承认与否，一个有自己爱好和品位的女人一定比那些只顾着忙碌生活的女人更有格调和气质。这种格调和气质不是穿上一件名牌大衣、挎上一个名牌包包就可以烘托出来的。这种有格调的生活也会让周围的人更欣赏和喜欢与你来往。

小晚已经 32 岁了，是某摄影网站的会员，从 2005 年加入摄影组织以来，大小活动小晚都没少参加，拍摄水平步步提升。说起摄影，小晚有些含蓄和羞涩，她说自己水平不好，设备也不好，连简单的 PS 都不会，更算不上什么摄影师了。摄影对于小晚来说，纯粹就是一个业余爱好，但是这个爱好却使她的生活多姿多彩。小晚原本在国有企业上班，有事没事就拿着 LG70 卡片机给家人照相、"扫街"、拍风景。

然而摄影圈里的女人要比男人付出得多，她们必须先要做好母亲、妻子，才能抽出时间去摄影。清晨的天空是最美的，所以每次外拍都选定早上 6 点，小晚要 5 点起床，为家人做早餐，当别人都饿着肚子急急忙忙地赶到集合地点时，小晚早已在那里等候多时。在生活上，小晚极

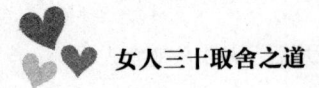

为节俭，为了攒钱添置器材，小晚告别了高档时装和化妆品，虽然她素面朝天，但小晚的内在修为却发生了巨大变化，与影友交流摄影心得、相互切磋摄影技术让内向的小晚变得开朗、活跃，她开始学会以宽大的胸怀包容着生活中一切不如意。"静坐常思己过，闲谈不论人非，想方设法过简单快乐的生活！"这是小晚内心世界的真实表白。她告诉自己的女儿，要快乐地生活，为此她常背着相机，带着女儿走遍大江南北摄影。

所以，不管你喜欢什么，就努力地把它继续下去吧。即使有时候会像小晚一样，付出会多一些。但拥有自己的兴趣不仅仅能在无形之中提升自己的格调，也能让你交上更多志同道合的朋友。你的生活会由此变得更加充实和有意思。周末的时候，你不会再因为老公的忙碌而苦恼。像张女士，完全可以邀上喜欢做手工的新朋友找个地方一起做手工，既能交流经验，又能获得新的友谊。像小晚，更可以满城市地转，去拍下生活中的美丽。

因此，女人三十，行动起来吧，着力发掘自己的兴趣，不仅为提升自己的品位，更为自己的生活更快乐一些、美丽一些！

作为三十岁的女人，快乐的资本还有多少呢？无疑你的兴趣爱好绝对是既能给你带来快乐，也能增加你魅力指数的一样东西！它绝对是我们生活中最好的调剂，因为它带走的不仅仅是时间，还会给你带来自信的力量，带来单纯的快乐之感！当你沉浸在你的兴趣之中时，你的脸上也一定有不一样的光彩，那时的眼神最亮，那时的笑容一定是真切自然的，而这一切就是最好的化妆品！

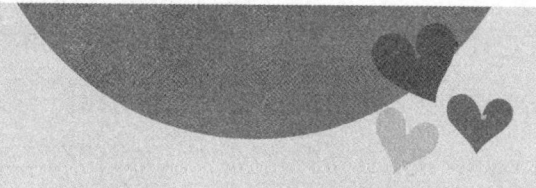

第二章
CHAPTER 2

取长补短——
气质女人打造内涵韵味

当你看着杂志封面、电视荧幕上那些风姿绰约的女人感叹时，应该想到在这个世上，没有一个天生就美貌聪慧的女人，所谓"天生丽质"，也需要后天的努力才能维持长久。每一个人都在不断地完善自己，发扬自己的长处，规避自己的短处。作为女人，更需要准备打一场长久的气质修炼战。"相由心生"，讲的就是气质的重要性。一个三十岁的女人，应该具备的是自然而然散发的优雅气质。

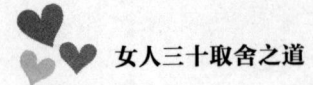

高贵的品位造就优雅的气质

　　三十岁女人走在大街上，通常都是或淡或浓的优雅气质的。岁月的流逝不仅仅带走青春的年华，它往往给人洗去青春的懵懂，留下成熟的雅韵。即便三十岁的女人在眉梢眼角仍然会显现出一些岁月的纹路，但是顾盼间的曼妙风姿却是青春少女无法具有的，所以三十岁的女人不再依靠研读时尚杂志打造自己的美丽外表，她更需要的是增加自己的内涵，并将内在气质与外在美丽结合在一起，做一个真正的魅力女人。

　　不管三十岁还是二十岁，每个女人心中都有很多个代表着幸福生活的生动场景，每个人的意识中早就已经勾勒出了属于自己的精彩，三十岁的女人已经历经了社会的洗礼，明白了生活的艰辛，但从没有放弃过对于美好生活的向往。其实，为了这份精彩，三十岁的女人在不断提高着、完善着、追逐着、痛并快乐着，上演着一个又一个属于她们自己的感人故事。

　　也许是自己懂得越来越多，也对自己的人生要求越来越高，三十岁的女人始终有一份对自己的执着追求。她们渴望每天回到家，周围充满温馨的气息，所以总是会在自己的卧室里摆上一些动人的小物件；她们渴望在事业上能赢得别人的赞许，所以总是不忘在办公桌前贴上几句勉励自己的名人名言；她们渴望自己能在众人之间显得更突出、更有气质，所以在她们的包包里总是装着一本正在阅读中的书。这一切的一切都在说明着一点，三十岁的女人正在努力地成就着自己的优雅，希望自己能够成为众人眼中的那个有品位的好女人。

她算得上是女中豪杰，年轻漂亮，又有自己的事业。她从英国留学回来后自己开了一家公司，平时真的是很忙，上班期间自不必说，下班了也不能消停，各种应酬都推脱不掉。但是她却有一个雷打不动的习惯，那就是每天必到公司附近的一个咖啡馆里坐上半个小时，有时候是中午，有时候是下午，或者是加班后的晚上。来一杯咖啡，翻翻自己喜欢的时尚杂志，或者挑一个靠窗的座位，看看外面的车流人群，想想自己的心事，再或者约几位知心好友聊上几句女人的贴心话。

她的很多朋友都奇怪她保持这个习惯，她却笑笑说："我不是一个工作的机器，生活里除了工作还有很多，我必须给自己一点时间让我自己回到真实的生活里。在那里，没有工作，没有应酬，只有我自己，一个平凡的女人。如果没有这半个小时，我想我将会错过生活中的许多美好。"

有品位的女人不会太在乎人生功利的部分，相比功利性的成功，她们更追求一份自然平和的心境，面对诱惑既能安之若素，处之淡然，也不脱离社会，自我封闭。即使是独处，她们也能自得其乐。有品位的女

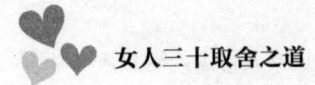

人就像一幅画，画中她们时而静立水边，时而又徐然缓行，时而抬头遐想，时而又低头凝思。她们的内心不仅让自己看上去优雅无比，也让周围的人不知不觉被吸引。

即使是在平凡单调的生活中，有品位的女人也总爱从不同角度思考问题，她知道单调的生活容易使人思想麻木、迟钝，所以，她会注意训练自己的观察能力，常以一颗发现的心去对待生活和生活中的人。她懂得如何将白开水一样的生活用其他的味道调一调，然后品出平凡中的清甜。

某知名品牌的创始人张女士就这样看待"品位"："品位不是学来的，一定要有内涵，并不是非得大品牌就是有品位。虽然我家里头很简单，白墙，但是每个朋友来了以后都会觉得很有品位，很舒服。来了之后可以去看书，是发自内心的一种修养。"

这个女人，起床之后的第一件事不是梳头、洗脸，而是拿着游泳衣就到会所去游泳。她认为一定要关注自己的身体，生命绝对不能打折。

这个女人对美丽的投资相当简单，她不愿意去美容院，只是利用一切时间，比如晚上12点之前回家了，敷一个面膜。比如在家里做饭的时候，把黄瓜根留下来，切成薄薄的片，敷在脸上。给儿子热奶的时候，也会留一点，敷在脸上。

对心灵的投资她选择做慈善，哪怕款额并不大，因为付出就是一种快乐。

在工作上，别人可能是5天的工作，她会选择用2天时间干完，3天的时间去见朋友。

做一个有品位的优雅女人，就必须从今天开始，从现在开始去改变自己，不要再耗费生命在无意义的争吵或纠结中，注重自己的健康，注重自己的心灵，去挖掘各种能让你感觉到生命充满无穷意义的事情，去努力地发现一切能丰富你的感受、激发你的激情的事物，去积极参与那些能使自己的心态更活跃、更新鲜的活动。作为三十岁的女人，你会因为这一切的努力而更加灿烂美丽，会使你终日蒙尘的生活闪闪发亮。

有品位的女人是善良的、机智的，同时又不失稳重。在喧嚣的人群中，她可是一个沉默者，但是她绝对不是一个麻木者。她们待人真诚而不虚伪，心性热情而且不浮躁。像一朵寂静开放的花朵，自然而然，毫不矫揉造作。

作为一个三十岁的女人来说，当优雅成为一种自然的气质时，这位女性一定显得成熟而温柔，更是体现了一种气质、一种智慧，总是给人无限的想象，而这种想象不仅愉悦人的眼球，而且愉悦人的身心。优雅的女人无人不喜欢，不管是男人还是女人。愚钝的女人总是在抱怨："上天是如此的不公平，为何不将那样的身材与美貌赐予给我？"而优雅的女人往往是通过后天的努力，可以学习和修炼的女人魅力往你的生命里注入新的东西。讲究人生的质量与品位，让人心服口服。当女人从表面的自我，过渡到一种深厚的内在之中，便呈现出一种升华的极致美丽。

女人的品位和贫富无关，和阶层无关，只与心态有关，与历练有关。一个美丽和优雅的高品位女人，她的身材不一定性感，容颜不一定漂亮，穿着也不一定昂贵。她也不会炫耀她所拥有的一切，她不告诉别人她读什么书，去过什么地方，有多少件衣裳，买过多少珠宝，但是她绝对身心年轻，学识不少，思想丰富，知道如何对待痛苦和无奈，相信美好，

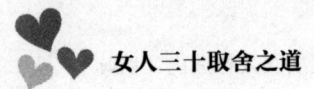
相信爱情，相信人生中所有的感动。

在浮华烦躁的现实生活中，让自己的心归于平淡，过上简单而充实的生活，是每一个有品位的女人细心经营的目标。她们培养高雅的兴趣和爱好，来抵制那些平庸无聊的生活琐事。她们懂得用心去感受身边的美好，来抵制日常事物的粗糙。

相信吗？当一个女人露出自信的微笑，周身散发优雅气质时，那时的她一定胜过无数璀璨！

懂得品味生活的女人是生活的艺术家，生活中你所见到的优雅女子也只有用品位做底蕴的女子才能修炼成真正的优雅。品位的修炼是一种积淀，不管是直接还是间接的，都是一种必需的积累。即便再忙碌，也记得去发现那定格在生活空间里的瞬间美好，以一个乐观优美的姿态去对待生活，那么，优雅的气息也自然会靠近你。

知识开启内在财富敲门砖

自古以来，通晓琴棋书画的女人，总是对男人有着一种特别的吸引力。在当今社会，很多女人总是在自己的穿着打扮上下功夫，希望自己能够彰显出一种高贵的气质，却忘记了其中最关键的一点，那就是真正的高贵是由内而外散发出来的。作为一个三十岁的女人，想成为众多女人中与众不同的那一个，首先就要提高自己的文化底蕴。

三十岁的女人，如同周敦颐在《爱莲说》中所描绘的莲一般"中通外直，不蔓不枝，香远益清，亭亭净植，可远观而不可亵玩焉"。她们聪明却不张狂，典雅却不孤傲，内敛却不失风趣，既不会是傲视百花的牡丹，也不会是空守幽谷的山中木樨，而更像是携着矜贵的精致白莲花。她们衣着素净，纯天然面料的衣服是她们的首选。这些女人身上散发出一种知性的魅力，是你所见不到但却能感受得到的一轮光华，它不炫目、不耀眼，却如玉石一般温润莹透。

现代汉语词典里对于"魅力"一词的解释是"很吸引人的力量"。怎样得到这种力量、获取魅力？答案仍然是知识。知识是魅力的不竭源泉，更可以改变一个人的气质。

高中毕业的时候，她被青海警校录取，但她天生胆小，一想到毕业后要和罪犯打交道，就怕得要命。她要放弃上警校，父母为此骂她"没出息"。一气之下，她就只身从甘肃玉门小镇来到了北京，开始了她艰苦的谋生之路。

第一次到北京，她明白必须尽快找到工作才不至于饿肚子，接下来就是拼命地找工作，做过每张铅字蜡纸7毛钱的打字员，做过一个月50多块钱的宾馆服务员。为了省钱，她曾把一日三餐改为一日两餐，最后是一日一餐。一次饿得实在走不动了，她坐在马路边上看着来来往往的车辆思考，难道自己就是这打工妹的命？这一思考倒让她警醒了，她决定还是要上学，有了知识和文凭，才有出头之日。没有钱读书，她就边打工边读书，两年后，她被中央财政金融学院夜大录取。她进入夜大之

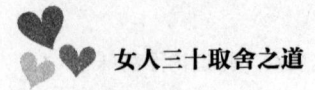

后，一边打工，一边读书，顺利拿到了大专文凭。不久，她到一家文化公司打工，当时这家公司正与北京人民广播电台合办一个《相约在今宵》的节目，她主动去拉赞助，赞助拉来了就参加采编，一切顺利。

这是读书给予一个女人的回报，如果不是知识，她也许还在某个地方做打字员或者服务员。如今这个时代，早就是知识经济的时代，作为这个时代的先锋，女人绝对不能甘居人后。

做一个知性女人更离不开书本。古人云，三日不读书，目光混浊。读书可以美丽、优雅人的心灵，是永远都不会过时的生命保鲜剂。读书不但可以为自己储备知识，还可以潜移默化地影响到她们的气质、言谈、思想，使她们的行为总是透着一种超凡脱俗的感觉。从某种角度来说富有知性魅力的女人是美丽的、高贵的，是值得别人仰视的。

与书为伴的女人，她们守得住心灵这个宁静的港湾。她们的每一个微笑都那么灵秀优雅，每一句言谈都能够恰到好处地打动对方，给对方一种赏心悦目的感觉。这种从骨子里带来的品位，是别人怎么模仿都模仿不来的，因为知识是属于你的，才华是属于你的，那么自然女人的这种独特魅力当然也是属于你的。

一个真正的"知性"女人，不仅能征服男人，也能征服女人。因为她身上既有人格的魅力，又有女性的吸引力，更有感知的影响力。时间在她身上只是弹了一个巧妙而圆润的跳音，将她出落得更加魅力动人，不得不令人赞叹。

知性女人像一杯清茶，散发着感性的芬芳。她们不一定有着清新淡雅的面容、妩媚温婉的回眸、顾盼生辉的举手投足，但内心一定浪漫，强调个性，对世界充满爱心和好奇，也因此暗含迷人的书香气息，那份独特的气质是永远不会消散的。

试想一下，一个女人，静静地泡上一杯红茶，捧着一本泛着墨香的书，在阳光的照耀下，她该多么引人注目。只看一眼，就会被她深深地吸引住。因为喜欢读书的女人，不管走到哪里都是一道不一样的风景。与她相处，你会发现她像一杯散发着幽幽香气的淡淡清茶，透出一个女人的智慧与风情。她们雅致、敦厚，有着一种谦逊随和的娴静之气，在人群中，有品位的人能一眼就能认出那份离尘绝俗的恬淡气质。

提起林徽因，冰心说："她很美丽，很有才气。"与美丽相辅相成的，自然是她过人的才气。文洁若为林徽因的美而惊叹之余，毫不掩饰对她才华的钦佩："欧洲文艺复兴时期，曾出现过像达·芬奇那样的多面手。他既是大画家，又是大数学家、力学家和工程师。林徽因则是在中国的文艺复兴时期脱颖而出的一位多才多艺的人。她在建筑学方面的成绩，无疑是主要的，然而在诗歌、小说、散文、戏剧等方面，也都有所建树。"沈从文眼里的林徽因是"绝顶聪明的小姐"，晚一代的萧离则称林徽因是"聪慧绝伦的艺术家"。费正清则说："她是具有创造才华的作家、诗人，是一个具有丰富的审美能力和广博智力活动兴趣的妇女，而且她交际起来又洋溢着迷人的魅力。在这个家，或者她所在的任何场合，所有在场的人总是全都围绕着她转。"一代才女林徽因，令人倾倒。她的美丽，绝不仅仅是因为她的家世或者清丽的外表。知性与品位是女人魅力的一对姐妹花，知性会让女人浑身上下散发出柔和淡雅的知性之美，知性会让女人的品位更高。对一个三十岁的女人来说，打扮外表并不是难事，只要你稍加用心就可以了。而想要提高品位，那就得下点功夫了。

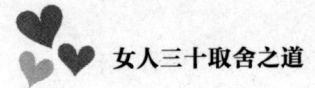

当你决定要在一个上午穿着舒适的平底鞋去泡图书馆或者去参观一个名画展时，或许你会发现心情尤为不同。而你周围的人们，也会发现一个一天比一天睿智、一天更比一天高雅的你。

过去对于好的女人的评价标准就是进得了厨房，出得了厅堂，而今，我们得要加上一条，就是泡得了书房。经常与书约会的女人，才不会举止粗俗，言谈无味。与书约会的女人，才不会一卸下精致的妆容就毫无韵味；与书约会的女人，才不会埋没于芸芸人群之中。有人说，世界有十分美丽，但如果没有女人，将失掉七分色彩。我们也可以这样说，女人有十分美丽，但如果远离书籍，将失掉七分内蕴。

罗曼·罗兰也劝导女人多读些书，读些好书。知识是唯一的美容佳品，书是女人气质的时装，书会让女人保持永恒的美丽。所以，愿我们也都带上这美容佳品，与之做伴，你将不再畏惧年龄，不会因为几丝小小的皱纹而苦恼几天。因为，你已经拥有了一颗属于自己的独特心灵，有自己丰富的情感体验，你的生活将会书香四溢。

女人不可以没有知识，将一本书捧在手上，就会在心里蜕去一分愚昧与狭隘，增添一分理智与宽容。女人知书，更会懂得如何去做人，而不会轻易成为别人的附庸，更不会失去自己的个性和追求。与金玉其外、败絮其内的某些漂亮女人相比，只有读书的女人才是懂得保持生命内在美丽的智者。

智慧帮你提升由内而外的风度

　　三十岁的智慧女人在生活中一定会记得两件重要的事，一是自己的身心健康，二是人生魅力。一个智慧的女人，像一本富有深度的书，会让周围的人一读再读。一个智慧的女人，懂得如何保持和提升自己的魅力，更懂得如何经营自己的幸福。一个智慧的女人，不仅仅有着高贵的气质，更能在舍与得、对与错之间作出聪明果断的抉择。

　　有人曾这样说智慧之于女人的重要性：智慧是女人一生都要学习的处世哲学，一个女人只有拥有了智慧才能由内而外地改变自己的气质，一个女人也因智慧的存在而让自己变得更加引人注目。三十岁的女人，美丽的有很多，精明的也有很多，头脑聪明的也有很多，可是不见得那些看起来仍然光鲜可爱。引人注目的女人都有智慧。

　　智慧没有标准可言，但是在处世中，人们能看到这样一种女人：不管周围的人多难相处，她们也总有办法与他们相处平和。不管她们遭遇了多么棘手的问题，她们也总能有自己的办法化解。岁月匆匆，在流逝中虽然磨去了女人尖锐的锋芒，但是却在另一方面又挖掘出了她们内在的潜力，使她们变得更聪慧、更豁达、更宽容。她们既懂得为自己营造温馨的气氛，又能在生活中将主动权掌握在自己的手中。

　　这是一个在外人看来充满着幸福的家庭。男人是一家企业的老总却又不失温文尔雅，女人是机关公务员又活泼大方、善解人意。两人结婚几年，仍然甜蜜恩爱。不料有一天，她被派往外地出差，在赶往机场的

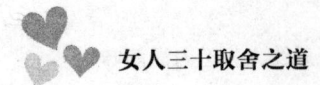

路上，突然想起一件重要的文件忘在家里，于是她请出租车司机调转车头往回走。到了家门口，还没来得及下车，她看见他慌张地打开房门，把一个女人放进去，又小心翼翼朝四周看了几眼，确认没人注意才又关好门。那个女人她认识，是他的下属，也是她的朋友。他们经常在一起聚餐，而她就住在离她家不远的一栋楼里。

出于女人的直觉，她当然知道发生了什么，一时间感到天昏地暗，她从来没想过也没怀疑过。照理说，她应当毫不犹豫地冲进屋内，当面戳穿他们的隐情。但是，这样一来，势必掀起轩然大波，不但会让他们愤怒难堪，还会将他推到离那个女人更近的位置。她不想这样。她深信他只是一时糊涂，他仍然深爱着自己。她想干脆装聋作哑，再慢慢打算，可是不行，自己承受痛苦不说，还会使他越陷越深。思前想后，她决定给那个女人一个台阶，让他们自己结束这份隐情。

她果断地掏出手机，拨通家里的电话。"老公，我把文件忘在书桌上了，你把它找出来，我请小朱来拿。"小朱就是那个女人。不等他回答，她挂机又拨通了小朱的手机："请你到我家里拿一份文件送给我，行吗？我在门口等你。"说完，她避开正门，等着小朱出来。

不一会儿，小朱出来了，她似乎知道了什么，满脸羞愧和尴尬。而她接过文件，优雅一笑，说声："谢谢。"然后命司机开车。此刻，车里的她再也忍不住心头的酸痛，任由涕泪滂沱。她想，要是这样也不能挽回丈夫的心，那她真该放弃这段感情了。

事实证明她的做法是正确的，她完全可以为当初的冷静与智慧而自豪。多年过去了，他再也没有越雷池半步，他们依然幸福地生活在一起。而那个女人在断绝与他的往来后，不止一次对别人说："她是我见过的最聪慧的女人。对她，我除了崇敬，还有感激。"

　　有智慧的女人，她们有着一个睿智的头脑，也有自己的生存智慧和人生经验，能在对与错之间做出自己的判断。无论受了什么委屈，绝对不做怨妇，可以倾诉排解心情，但不会哭天喊地，转身变成一个泼妇，让自己美丽尽失。故事中的女人，聪慧的处理方式，不仅避免了三人的尴尬，将大事化小，也很好地解决了自己的困扰。结果她不但没有失去自己的丈夫，更赢得了情敌的尊重和感激。

　　聪明的岑做妻子很有"一套"。有一个休息天，丈夫在和电脑下围棋，岑擦地板，擦到他那儿，岑让他挪挪位置，他露出一副紧张的样子说，别动别动，他马上就要赢了。因为知道他从没赢过电脑，这次快赢了，岑也很来劲，二话没说，放下拖把就凑过去看，还和他一起计算最后的一步一招。一番厮杀后，他果真赢了，那一刻，他高兴地吻了岑。接着他一边兴奋地和岑讨论围棋，一边又帮岑拖地板，还提议晚上出去吃饭。其实岑只是在他感兴趣的事上附和了他一下，他竟然会这么喜出望外。那晚，岑坐在点着蜡烛的餐桌前想，如果下午自己硬是让他挪位子而让他输了棋，或许就没有这样一个浪漫的夜晚了。

　　瞧，思想和智慧多么美丽，拥有这种美丽的女人更是可爱无比。一个只懂得用蛮力去维护自己的爱情、家庭以及事业的女人，总是显得粗糙了一些，有时过激的行为还容易让人生厌。没有一个人能长期地忍受一个只会一哭二闹三上吊的女人，一个拥有内在聪慧的女人自然能获得

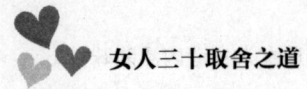
自己想要的一切。

总而言之，三十岁的气质女人，如果说最不能缺什么，大概没有比智慧更重要了。智慧是一种气质，在生活的细微之处、平常之时，显示出其力量和美丽，这是三十岁女人最重要的魅力因子之一。

如果生活是一座需要不断打点和经营的花园，那么智慧一定是必不可缺少的阳光。当一个女人不再依靠直觉和冲动做事的时候，因为加入了理性和智慧的处世方式无疑会赢得人们的赞赏。三十岁的智慧女人，当分得清楚，在这座园子里，什么是花盆，什么是泥土，什么是雨露，什么是枝叶，那么就能抓住生命里最重要的东西，而不会因为园子里那些乱七八糟的细枝末节而烦忧。

不断挖掘优点，展现自信风采

正所谓"水因怀珠而媚，山因蕴玉而辉"，女人因自信的精神状态而洋溢光彩。自信的女人一眼看去更妩媚生动、更富有活力。自信的女人在生活中也更坚强、更有勇气。自信的女人在面对困境时也更坦然、更从容。尽管世界上没有真正完美的人，但女人三十，又怎么能不努力挖掘自己，让自己越来越自信，越来越趋近完美呢？

　　林小姐在一家日资企业就职，刚进公司时。她就十分害怕面对老板，为了不让自己看起来唯唯诺诺，林小姐就训练自己，让自己头脑急速运转，精神上不畏惧老板的火气，再也不像以前那样被老板吓成木头人。可尽管林小姐外表是自信的，她还是一度非常苦恼，原因是她也被同事称"目露凶光"，是可怕的"女恶魔"。然而当她对着镜子练习，她发现，定定地直视镜子中的自己时，整个人气质和之前不一样了，既不软弱，也不盛气凌人，她突然间就领悟，女人常常并不是需要一双柔情大眼，或者犀利眼神，更需要的是眼神的清澈坚定……后来，每次她跟老板说话的时候，眼睛都是直视对方的，她语调谦逊平和，可她的眼神告诉老板："我有足够的实力做好你委托我的每一件事情。"结果林小姐的向来不苟言笑的日本老板，居然在公司年会上称赞她是"自信的女皇"。

　　最没魅力的女人不是没有工作、没有美满家庭的人，而是最不自信的女人。因为，唯有自信才能帮助你把原本储存在你身体里面的美丽释放出来，也只有自信陪伴，才会让三十岁的女人看起来容光焕发。一个真正自信的女人不会由于年龄而自卑，不会由于早上起来照镜子发现多了一道皱纹而心情低落。一个自信的女人，总是有一种不一样的吸引力，让周围的人不知不觉围着她、服从她。一个自信的女人，会更坚强地面对工作和生活中所遇到的麻烦。就像林小姐一样，因为自信的眼神而扬眉吐气。

　　作为一个三十岁的女人，你可以没有明星们的花容月貌，但是你却能让别人的目光在你身上掠过之后马上聚焦，这是自信的强大气场才能做到的。因为自信的女人，笑容是那么有吸引力，甚至神奇。所以有人

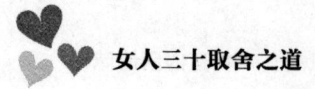

说，自信的女人总是会比别人多一些成功的机会，并不是能力和言谈上的优势，而恰恰是一种自信的气质、一个自信的笑容，让对方更加信任。

与女人的容貌不同，女人的自信是后天养成的。一个美貌的女人很可能在下半生毁掉自己的一切，而一个长相平平的人很有可能因后天的修炼而光彩夺目。

大学同学中有个叫莹的女生是当年学校里的校花，不仅人漂亮也能干，追求她的人一大把。莹大学毕业后，去了一家外企工作，后来嫁给了一个特别能赚钱的老公，成为大家羡慕的对象。做了阔太太的莹索性辞职在家做起了家庭主妇。她每天做的就是逛逛街、做做美容，或者跟一些阔太太搓搓麻将打发日子。几年之后，在一次同学聚会上，莹没有来。莹最好的朋友含着泪告诉大家，莹一个月前自杀了，因为得了抑郁症割腕自杀了。一时间，大家不相信这是真的，都说不可能。朋友说这是真的，莹曾经说想去上班，但又怕没有自信去承受巨大的工作压力。后来老公在外面有了别的女人，彻底崩溃的莹承受不了打击，选择了结束自己的生命。

与莹形成鲜明对比的是华，当年大学里名不见经传的黄毛丫头，这次聚会竟然让大家刮目。她不仅人漂亮了，浑身也充满了活力，落落大方，身上带有自信而坚定的力量。一些男生还私下里暗想，当年怎么就没注意到她呢？她原来也这么美丽啊。

华在大学的时候只知道埋头学习，不爱梳妆打扮，因为身材有些胖，长相也一般，男生很少注意到她，有些自卑的她也很少参加学校的活动。她在毕业后，找工作经历了一段十分艰难的时期，但她硬是坚持了下去，刚开始进公司的时候是一个业务员，从最辛苦的业务员做起，这期间吃的苦、受的累只有自己知道。她曾经在第一年的工作中保持了穿破10双鞋的纪录，人瘦了整整20斤。华的刻苦工作得到了上司的认可，为公司创下了公司成立以来最高的业务量。现在她已经是一个大公司的部门经理，工作做得十分出色，成为公司的顶梁柱之一。在工作上，她独当一面，能够游刃有余地处理各种事情。

当华从车里走出来的时候，大家简直不敢与她相认。谁也没有想到这位干练而自信的女士就是当年那个默默无闻的丑小鸭！不断地进步给了华自信，而自信也使华有勇气从容地面对一切，也因为这自信让华变得潇洒和富有魅力。

自信的力量是巨大的，自信可以令女人的面貌改变，她那种由内而外散发出来的气质，已经不知不觉地征服了大家。不管是男人或是女人，都会喜欢与之交往。对于一个女人而言，只要你有意识地修炼你的自信，那么一定会拥有更多的美丽、更多的朋友。当嘴角扬着那种自信的笑容时，你会相信，上天真的愿意帮助那些努力和爱笑的人。只要你够自信，够努力地不断完善自己，就像故事中的华一样，完全重塑自己，使自己脱胎换骨。

作为一个30岁的女人，无论处于怎样的生活状况，都要相信自己的决定，相信自己的选择，无论别人怎么对自己冷嘲热讽，无论别人怎么轻视你的存在，你都要不时地给自己打气加油，要在展现自己的时候自信地站出来。

意大利著名影星索菲娅·罗兰说过："不管别人怎么想的，你都必

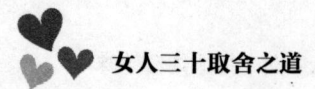

须以自己的方式相信，你是一个美丽的女人。为使自己美丽动人，女人必须自信。"索菲娅·罗兰是这么说的，自己也是这么实践她的自信法则的。她刚进入电影行业时，导演曾建议她做美容术，把她的大嘴巴和大臀部都改小一点，她坚决不同意，认为这些正是自己的美丽特征。你瞧，自信女人在变得自信之前，也曾遭人嘲笑。这是一道坎，你只有努力让自己强大起来，努力不断完善自己，才能有所进步，而你丰富的阅历就是你的资本，仍然懂得充实自己就是最大的动力，只要转变观念。去掉那些消极的想法，就会越来越从容不迫，变成自信女人。那一刻，才是我们真正应该享受的，不是吗？

当棘手的事情一件一件劈头盖来时，作为三十岁的你又该如何应对呢？有人会为自己担心，而有人却从容淡定。在她们眼中，即使赤手空拳，也没什么好怕的！强大的自信会汇成一种力量，让女人的脸上挂着迷人的笑容和淡定洒脱的眼神，那无疑是作为一个女人最美丽的彰显、最迷人的风采所在。而这种风采，不仅能照亮自己，也能照亮周围的人。

打造实力，挥霍魅力

三十岁的女人都应该有一样拿手绝活，可以是你的专业技能，可以是一个运动项目，可以是某种技艺，厨艺、茶道、绘画、弹奏某种乐器……什么都可以。只要是你的强项，就是你彰显魅力的资本之一。

一提到魅力女人，人们总是会自然而然地想到姣好的容貌、优雅的气质；一提到实力女人，人们联想到的则是严肃打扮、果断的决策、冷静的处世。魅力女人与实力女人似乎是两种完全不同的女人，实力与魅力往往遭遇"二律背反"的尴尬。在现实生活里，一个成就显著、样貌一般的人，总是会被无奈地指为"太过要强的女强人"，言下之意就是缺少女人味。而一旦样貌出众的女人成就也显赫时，又总是容易被人们误认为她的成功得益于她的美丽。事实上，魅力女人一定只能依靠美丽和自信的笑容吗？女性魅力与能力，真是如水火般不能相容吗？

其实，女人拥有能力，不但不是罪过，也正是魅力的一种。这种能力，不一定是踩着高跟鞋在办公室叱咤风云，也不一定是掌管着多么巨大的财富，这些能力，我们可以说成是擅长的事情。

有些女人不仅样貌出众，而且拥有着自己某一方面的能力，譬如"秦淮八艳"之一董小宛就以善制"董糖"为后人称道。现代女人，除了家务和寻常工作的生存消耗，实在应该培养和加强自己某一方面的能力。想象一下，当董小宛用亲手制作的"董糖"来会客室，一定是惊艳四座！而令人惊艳的绝不仅是她的外貌而已。

其实，对于女人而言，有着好看的外表固然很好，但是有着自己的实力，比美貌重要得多。

夏奈尔是一对法国贫穷的未婚夫妇的第二个孩子。她的父亲是杂货小贩，母亲是牧家女。她的童年是不幸的，5岁那年，母亲死于肺结核，而父亲将女儿丢给当地最大的孤儿院，让她在孤儿院中度过了惨淡的童

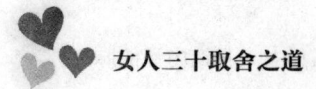

年，这给她幼小的心灵留下深深的创伤。个性倔强的夏奈尔在成年之后曾发誓，永远不接受任何人的怜悯。

20岁那年，年轻的夏奈尔开始在针织店当店员，以后几年里梦想成为舞台演员的夏奈尔先后在漠林、维琪登台演唱。但后来她发现这条路太慢，所以不久她就另寻捷径，她找到一个叫艾蒂安·巴尔桑的男人，这个男人把她带入巴黎的上流社会。之后她又遇到了另一个男人，博伊·卡佩尔，她不仅收获了爱情，而且还通过这个男人得到了一间时装店。在她之后交往的很多情人中，这个男人既不是唯一的，也不是最显赫的，男人们在和她交往一段以后，总要另娶其他的名门女子。因为她只是个孤儿，是无法嫁入豪门的。但当那些男人结婚，她不闹不哭，穿着自己设计的小黑裙，戴着长长的珍珠项链，叼着细长的烟嘴，该干什么干什么。她心里清楚地知道，那些嫁入豪门的名门女子的生活并不见得会比她现在过的生活好多少，她也从来不因此而感到自卑自怜，因为这个世界上嫁入豪门的女子多如牛毛，而她——可可·夏奈尔却只有一位。她把自己当做是最宝贵的财富，她珍惜自己，她懂得一个女人的最后胜出，除了运气，还需要实力。

在情人的资助下她开始了她的事业，她勇于面对现实，有坚强的独立心，正如她说的："诚如拿破仑所言，他的字典中没有'困难'两字，我的字典中也找不到'不成功'三个字。"夏奈尔一旦工作起来，便要求完美无瑕。她说："当你开始工作，就必须继续下去。如果你不用心去做，你将一事无成。"她常常为周末中断工作而生气，她说过："我的生活是一个长久的战斗。"一旦投入战斗，她就全神贯注，就能忘记一切。

这位女性是斗士，是强者。在这个世界上，被男人赠送过珠宝、黄金乃至一个时装店的女人并不少，这个世界上也有无数比夏奈尔更美的女人，但是有几个女人能创造时装奇迹呢？

夏奈尔的故事告诉我们身为女人，最宝贵的根本不是容颜，也不是男人的爱，而是我们对自己的经营。而我们身边常常会有这样一种女人，她们本身已经具备了不少特长，但是却似乎从来没想过要将其中一个特长继续发扬放大，甚至尽力到极致，让它成为自己的某种标志。就像"一个安静的女人"和"一个拉小提琴的安静女人"这两者相比，后者给了人无数的遐想。这样的女人，如果没想到将自己已具备的特长发挥，反而去模仿别人，将自己的特长弃置一边，那将多么可惜！因为每个人都有自己的乐土，与其羡慕别人的花园，不如用心耕耘自己的花圃，终会有花团锦簇的一天，令人流连忘返。

在中国文学史上有一首出名的怨妇诗，是古代冷宫中的薄命美人所写。美人写这诗的时候，正好失宠于皇上。于是她把自己比喻为一把漂亮的扇子："新裂齐纨素，鲜洁如霜雪；裁为合欢扇，团团似明月。出入君怀袖，动摇微风发。常恐秋节至，凉飙夺炎热。弃捐箧笥中，恩情中道绝。"意思是说夏天的时候，您天天把我攥在小手心里，现在秋天了，你就把我扔一边了。试想一想，一个再懂得珍惜的男人也难以对同一把扇子始终钟爱。但是如果这把扇子上画着吴道子的画或者苏轼的字，则有可能会被收藏真爱一辈子。即使经过岁月的痕迹，外表可能稍微有些残破，又有何妨呢？因为这把扇子不再是一把普通的扇子，而是一把有实力的扇子。岁月匆匆，她的价值不但不会失去，反而只会与日

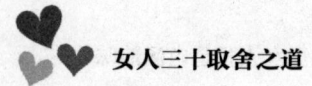

俱增。

女人三十的目标，当然不会是使自己成为一把仍然漂亮和光鲜的扇子，而应该努力成为有内涵价值的扇子。你完全可以针对自己的兴趣着手，发挥女人的特质和优势，去发展属于自己的事业；如果你拥有一双巧手，精于各式手工才艺，你不但可以贩卖成品，也可以把兴趣提升为专业，开设自己的手工艺教室。或者用你的巧手做一盘好菜，烘焙一道好点心，是为女人魅力加分的必修功课，其实也不必是日日围着锅台转的厨娘，只要有一道属于你的独特吃食，足以迷惑众人的心就可！

想象一下吧！当女人忙碌时那辛勤工作的身影，和随时散发的蕙质兰心和横溢的才华，该多么迷人、多么值得人细细品味和推敲，哪里还害怕岁月的侵袭呢？

女人三十，早该是放弃做花瓶的年龄。即使你风情万种或者温婉贤淑，抑或高贵时尚，但都应有一股属于自己的实力。容貌和财富早就不是评价一个女人的重要标准，十指染了阳春水又何妨？风风雨雨忙碌在自己的事业中又如何？沉浸在对美丽事物的追求之中又如何？我们在慢慢变老，这是任何人都无法避免的事情，但是我们可以保证每一道皱纹都看起来那么美，每一道皱纹都在昭示我们的人生意义！

第三章

取稳舍浮——
步步为营做好人生的选择

三十岁的女人，不再能轻易地找到一个借口为自己的错误埋单。女人三十，浮躁的小女人脾气应该褪去，取而代之的是稳重的处世方式。与那种肤浅、矫情的女人相比，三十岁女人有了更多内涵、温和、知性、包容、智慧和稳健。这样的女人，开始呈现"海纳百川"的气度，也学会在人生选择中忠实于自己内心的真实感受。

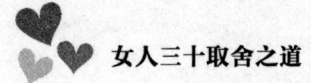

冲动是魔鬼，学会深思熟虑

女人天生就是感性的，其情绪特别容易被外界事物所干扰。每个女人不论脾气好坏、学识深浅，在日常生活中都免不了出现冲动的时候，但关键的是，有些女人知道如何在冲动之时保持情绪的平衡，继而用思考代替冲动的情绪，而有些女人却只能任由冲动的魔鬼控制，变成另外一个人。女人三十，当是一个懂得如何控制自己、让自己任何时候都不会偏离自我思想的人。同时，一个不冲动的女人才能在经营自己的家庭和事业时步步为营。

当你穿着一套新买的时装出门，去赴约的路上，却被身边一辆飞驰而过的汽车溅了一身污水，这时，你只能返回家去换衣服，可是时间却不允许了。这时候无论是谁都免不了要生气恼火，你可能开始小声嘀咕那个司机如何如何，一边检查你的衣服。如果这时候你的眼前有一面镜子，你可能会意外地发现，镜中的你是不认识的。为什么呢？

因为当我们无数次地站在镜子面前时，总是在平静认真地检查自己的衣着妆容，你从来没见过这样一个自己：皱着眉头，脸色铁灰，眼神愤怒，嘴巴微撇。这就是一个人生气时的正常神态，但是我们从来都没见过这时候的自己，但却常常被他人所见。

当怒火烧到我们的心时，我们的身体反应可能无法一时改转，但是我们却能控制住我们的嘴巴，继而再控制我们的心灵。

雯雯是一家公司的职员。她的男朋友是一家大公司的业务经理，而且外表出众。为此，雯雯特别担心自己的男朋友和别的女孩在一起。真是怕什么来什么，没过多久，就发生了一件这样的事。这天，雯雯碰巧到男朋友单位附近办事，所以决定下班后去接男朋友，给他一个惊喜。她就在他上班的大厦对面的咖啡屋打他的手机，告诉他，晚上和他一起吃饭，但没说就在他楼下。

这时，她男友说他不在单位，正在和客户吃饭应酬，晚上会晚点回去。结果雯雯便到附近的一家湘菜馆里一个人点了份菜。谁想她一眼就看到了男朋友和一个女人正在里面共进烛光晚餐。当时的一刹那，雯雯觉得有点蒙了，一股怒气直冲上来，气得她都有些站不稳。本想走过去问个究竟的她，突然想起遇事要冷静的告诫。于是，她决定按兵不动，以观其态。

最后，雯雯用理智战胜了自己，在自己的心理暗示下，终于平静下来，她觉得男朋友应该不会背叛自己，一定是有原因的，这样想着怒气就消了一半，最后又悄悄地把男友那桌的账一并结了，让他有个心理准备，然后回家再问。

男友回来后，雯雯试探地说："今天吃饭是不是有人替你买单了啊？"男友很疑惑地说："是的，你怎么知道……噢，原来是你。"男友恍然大

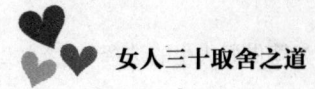

悟，紧接着，又开始解释："那是以前一个追求过我的女同学，明天就要离开这个城市了，非要和我吃最后一顿饭，我不答应也不好。但我怕直接告诉你你会生气，于是就……"

听了男友的解释，雯雯暗自庆幸自己没有一时冲动做出傻事来，否则，不仅会让三个人当众难堪，可能连自己和男友的关系也会破裂。

冲动的情绪人人都会有，但你可以选择是你控制情绪还是让情绪控制你。冲动，不仅仅无法让事情转好，反而只会使得事情更加糟糕罢了。这个道理谁都明白，可是为了逞一时之快，又总是不计后果地发泄，结果受伤害的总是自己。冲动的女人，会被冠上"泼妇""不可理喻""无法相处"等字眼。可是，所有的冲动一定是在某种委屈的场景中才发生的，冲动的女人只是在争取自己内心的平衡，可是却忘了冲动其实无济于事。

那么，怎样才能避免这种损害自己又于事无补的状况呢？或许我们可以做以下尝试，慢慢地找到比较适合自己的方法。

当你站在一个令你冲动的场景里，你的脑子一定"嗡"的一声响："怎么会这样？"你无法控制自己了，你想冲上前去实施你本能召唤出来的抵抗。这时候，管住你的手和脚吧，最好的方法是"走！离开这儿！"这不是逃避，你也不一定要走得远远的，你只要退出那个场景，哪怕出去站一会儿，你就为自己赢得了思考的时间。

离开那个令人冲动的场景，你不可能立刻保持平静下来，刚才一幕一幕就像电影不停地回放着，你的愤怒一点都没减少，怒气正盛的时候，有意识地告诉自己："冷静！冷静！不要生气，不要发火，不值得发火。"

用这些心理暗示来暂时平息你的怒气。

如果你是个乐观分子，平日里说话喜欢调侃，不如这时候将自己暂时释放出来，也调侃一下自己："我这是怎么了？我怎么能像个小孩子一样这么幼稚呢？"虽然这样你并不能完全消除怒气，但是至少心情会轻松很多。当然，如果你足够豁达，也有自省意识，你一定会慢慢地转变思维方式，换位思考："为什么会这样呢？是不是我的思维哪里出了问题？"经过一番深思熟虑之后，你或许会豁然开朗，有了新的打算。

当然，每一次冲动的理由不同，处理的方式方法也会不同，但是三十岁的女人、总觉得是要美一点、成熟一点、与众不同一点的。哭哭闹闹不合时宜，理智地处理最让人欣赏。所以，尽管深思熟虑并不是人人时刻能做到的，但是学会克制内心的魔鬼，保持良好的精神状态，也是三十岁女人的情绪必修课。

冬天不要砍树，情绪激动的时候不要做任何决定。作为三十岁的女人，要先学会控制情绪，不要轻易地冲动，冲动是魔鬼。有的时候刚一冲动完就开始后悔，但是我们都知道世界上根本没有后悔药可吃。为了避免我们有太多的遗憾，三十岁的你要学会克制自己的冲动，学会冷静地面对事物，用冷静镇定的思维去看待事情。至少在走过之后，我们可以骄傲地说："我们不后悔！"

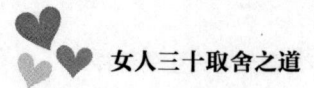

人生走向一切看自己

三十岁的女人是不是应该认真地给自己的前半生做一个总结，并且为我们的后半生再做打算？我们的前半生做了什么？得到了什么，又失去了什么？现在生活得快乐吗？还有什么不足？之后我们还要继续这样生活吗？

是的，这么多的问题，我们都必须一一回答自己。三十岁，不是变老的开始，而是另一段人生的开始。而决定权，就在我们手中。三十岁女人，想怎么懒都无关紧要，但就是不能偷这个决定后半生的懒。

三十岁女人，从记事起到三十，中间忍受着多少挫折的磨砺，只有女人自己知道，不知不觉就走到了这个年龄。30岁的你，拥有可观的收入和较高的社会地位固然很好，但是你生活得幸福吗？这是不是你喜欢的生活方式？很多女人都会摇头否认。可如果继续问喜欢的生活方式是什么，很多人要么不知道，要么知道却没有勇气选择。

在这个世界上，很多人可能一辈子都无法说自己是幸福的还是不幸福的，悲欢参半，那生命的状态不免有些浑噩。如果你感觉自己是幸福的，真该为你感到高兴，因为尽管从我们懂事到三十岁，只有十几年的时间可以主宰自己的生活。我们将日子朝着自己喜欢的方向过着，尽管可能还有很多不如意的地方，但是与所获得的快乐相比，只是微不足道的一些枝末罢了。如果你发现自己前半生似乎都在浑浑噩噩，没有什么可圈可点的，也不用气馁，因为你会发现你可能只是缺乏了一些规划，或者缺乏了一些运气，或者是性情使然。总之，在我们受很多限制的前半生，我们总会得到了一些东西，即使不是快乐的情绪，但是一定有些什么积累在我们的心里，有一天全都会显现出那时存在的意义。

当我们走到三十岁这个年龄，是否能让自己过得更幸福呢？至少在大多日子的早晨醒来睁开眼睛，你的心情是小欢喜状态。至少，在大多数日子里，不会只伴着眼泪和寂寞过日子。至少，在大多数日子里，不会总是在梦中才能大声地欢笑。

多年来生活的经历总会教给我们一些东西，如果你善于总结，也总会找到一些自己之后的方向，关键是你是否愿意继续努力，是否有勇气让自己走上自己安排的道路。

李芳是个活泼开朗的女孩，喜爱唱歌跳舞，中专学的是幼师专业，但是她毕业后父母却托人把她安排到了一个机关工作。

这份工作在外人看来是不错的，收入高，福利也很好。但李芳觉得机关的工作枯燥乏味，整天闷在办公室里，简直快把人憋疯了。她每天都迫不及待地要回家，可是回到家心情也不好，看见什么都烦，本来想着自己的男友会安慰安慰自己，可是偏偏男友又是个不善言辞的人，向他诉苦，他最多说："父母给你找这么一份好工作不容易，还是先干着吧。"

李芳很郁闷，工作没多久，她的性格就变了，整日郁郁寡欢。就这样一年又一年，李芳越来越无法接受自己工作的现状。终于，在她30岁的那年，她再也无法忍受办公室工作给她带来的痛苦，和自己的父母大吵一架后辞职了。

休息一个月后，李芳开始思考自己今后应该干些什么，于是她开

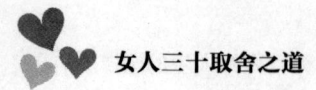

始用自己多年的积蓄开始了她组建幼儿园的梦想。尽管中间有很多的困难，但是李芳却乐此不疲，最终李芳的幼儿园如愿以偿地开业了，她自己成了幼儿园的园长。尽管在父母看来做幼儿教师很没前途，但是，李芳却非常喜欢自己的这份工作，也非常喜欢和孩子打交道。只要和孩子们在一起，她活泼快乐的天性就显现了出来。她又恢复了往日的自信和快乐，将自己的幼儿园办得有声有色，最终她的父母也因此而理解了她。

你也许也有过和李芳一样的想法，想打破现有的生活，走自己的路，却又得不到支持，被人说异想天开，或者不够成熟。更甚者可能会说："早知如此，何必当初？"你不能反驳："之前我选择错误是因为我不够成熟。"但是现在你可以说："这是我深思熟虑之后做出的决定，我要按照自己的想法走下去，不管后果怎么样。"然后你尽管去努力，即使家人刚开始不支持你，但是相信只要你的努力被他们看到，一定会让他们回心转意的。

因此，不要顾虑什么，一切外在的顾虑都只是暂时的。重要的是自己是否足够坚持。你在做一份不喜欢的工作，想辞了它，那就辞了它，有什么了不起。如果你左右不定，在论坛左右求证，听取别人的意见，或许你永远也做不了决定。因为自己的经历自己的性情只有自己知道，也只有自己需要对自己的人生负责。

30岁的小丽在北京生活了将近10年，却忽然辞去了月薪8000元的工作。朋友问她此去何以为生，她回的短信好似玩笑："去立交桥下擦皮鞋。"

当然，她没有真的去擦皮鞋，而是把自己买的两套多余的房子简单装修后租了出去。她淡淡地说："应对日常生活，这点租金足够了。"她买蔬菜荤食不再去超市，改去菜市场；自己对镜剪发及学习漂染头发；看书去图书馆，看电影租DVD；小丽甚至学会了自己晒干茉莉和药菊，自己买草药来配花草茶；自己做锦缎靠垫来装饰房间，自己做漂亮的手模饼干来招待朋友。高兴的时候，她会替别人做一点设计、摄影或撰稿。

小丽感叹说："从前我以为自己需要的是那么多，月薪8000也感觉像穷人。现在发现自己需要的是那么少，赚得不多，也天天有大笑的欲望。"

现在，她的时间和金钱主要用来旅游，她说："不是每个人都能健康地活到60岁，就算你60岁后还有余力环游世界，你的心境、你看到的世态人情也与现在不一样。"

去决定自己的人生走向，就像小丽一样，虽然你可能没有她的资本，但是心情是一样的。把现在的疲惫都丢掉，让自己一身轻松地去重新选择。三十岁，刚刚好，不早不晚，你会比较容易胜任新的工作，会比较容易适应新的环境，只要你选择的是自己想要的方向，那么热情自然是不必担心的。

其实，说到人生，最重要的仍然是快乐。眼前的金钱、地位，除了能满足虚荣心，真正到生命之尾又有何实际意义呢？如果你因为虚荣而失去快乐，是得不偿失的决定。如果你懦弱守旧，也只会留下遗憾。所以，女人三十，我们都应该勇敢一些，站起来吧！去做决定，拿勇气和努力去换取快乐，这大概是最划算的交易！

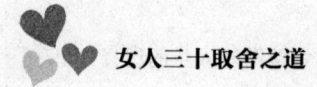

作为一个三十岁的女人，你的人生完全可以由自己决定，你可以选择自己感兴趣的事，也可以选择过自己想要的生活，只要你有足够的勇气打破不满的生活状态，有勇气去追求新的开始，有能力去开拓新的人生。是的，不论如何艰辛，三十岁，此时不动更待何时？还要给自己留下什么遗憾吗？

预先为将来规划长远目标

每当我们要到一个地方旅游，总是会事先通过各种途径找到当地的地图，并且确定好衣食住行各个方面，再制订一个大概的计划，知道哪些景区自己是最先想去看的，哪些景区自己并不感兴趣，知道怎样的安排最便捷，只有这样，才不会在旅游结束的时候发现错过了很多好地方，浪费了很多不必要的时间。其实我们的人生又何尝不是这样？三十岁的女人，已经出发，你是否知道自己要舍弃哪些风景，哪些又是不管多么艰辛都要到达的？

三十岁，舍的是盲目，取的是明确。

每个人，不管是男人还是女人，都会问自己："我为什么而活？"这是个深奥的哲学问题，又是一个不得不问自己的问题。三十岁的女人，也许也常会在某一刻，站在阳光下，突然不知所措："我做这些究竟是为了什么？"

　　或许，要回答现在我们生活状况的缘由，还是得问自己从前的规划是什么。而今后我们的生活呢？自然要依赖于现在我们的规划。三年之后，五年之后，自己和现在会有什么不同？今后你想要成为什么样的女人？

　　如果你想要成为一个更温文尔雅的女人，从现在开始你就会为此在性格和处世上做些努力。如果你想要成为一个精通某一个技艺的女人，那么从现在开始你一定要准备着手了。如果你想要完成一件对你而言重要的事情，从现在开始得细化每一个步骤。只有这样，我们才不会在三十五岁的时候仍然感到迷惘。

　　楚楚是一个热爱音乐的女孩，她梦想有一天能出一张自己的音乐专辑。但长期以来，她的努力似乎看不到任何效果，于是她寻求姐姐兰心的帮忙。兰心问楚楚："你希望自己5年后在做什么？"楚楚思考了几分钟后说："第一，5年后我希望自己能有一张唱片在市场上，而这张唱片很受欢迎，可以得到大家的肯定。"

　　兰心听完后说："好，目标既然已经有了，我们不妨把目标倒过来看一下。如果第五年你有一张唱片在市场上，那么你在第四年一定要跟一家唱片公司签上合约，你在第三年一定要有一个完整的作品，你在第二年一定要有很棒的作品开始录音了。那么，你的第一年，就一定要把你所有准备要录音的作品全部编曲并排练好。你的第六个月，就要把那些没有完成的作品修饰好，然后让你自己可以一一筛选。那么你的第一个礼拜，就是要先列出一个清单，排出哪些曲子需要修改，哪些需要完

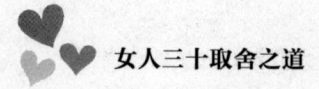

工。"楚楚听完，突然明白自己为什么一直都浑噩地没有成效。她按照姐姐所计划的那样，果不其然，恰好是在第五年，属于楚楚的第一张唱片发行了。

很多女人早已习惯过抱怨的日子。抱怨自己在三十岁之前机遇不好，抱怨所遇非人，抱怨诸事不顺，抱怨自己一事无成，可是却从来不认真去想该如何改变，偶尔做的计划早已被抛之脑后，生活继续原先的轨迹。

改变现状的方法，说难并不难，只是做一个规划而已。说容易却又不是那么容易坚持做到。一个规划，不仅需要你倾听内心的声音，做出适合自己的选择，也需要更大的耐心和恒心去坚持施行这个规划。

在为自己规划的同时，你一定要意识到，这是一个写在纸上，做起来却关乎每一天每一时刻的事情。偶尔偷懒、开小差、推辞，或许会让你某一天过得很舒畅，但是长久下来，却会发现，你的计划又得重新规划了，可我们的时间已经不多。

相反，如果你每天勉励自己，告诉自己，目标就在前方，你一天天都在离它更近，只要保持这种速度，不停滞，你就会循着自己画的轨迹走到你要去的地方，看到你想看的风景。

1952 年 7 月 4 日清晨，加利福尼亚海岸下起了浓雾。在海岸以西 34 千米的卡塔林纳岛上，费罗伦丝·查德威克女士准备从太平洋游向加州海岸。她曾经是游过英吉利海峡的第一个妇女，这一次如果成功，她就是第一个游过加州海峡的妇女。那天清晨，雾很大，她几乎看不到陪护她的船。海水冰凉，冻得她瑟瑟发抖。15个小时过去了，她感到又累又冷，实在坚持不下去了。尽管她的教练对她说，离海岸已经很近了，劝她不要放弃，可她还是放弃了。其实，人们拉她上船的地点，离加州海岸只有0.8千米。事后她解释说，令她半途而废的不是疲劳，也不是寒冷的海水，而是因为她在浓雾中看不到对岸的终点。

没有做不到，也没有不合理的目标，只要你能够坚持，只要你为自己设置的期限是合理的，你就一定能够做到。当然，我们不能急于求成而给自己施加很大的压力，也不能想让自己舒适一些而给一个遥遥无期的期限，这都是不合理的规划。

最好的规划大概是这样的，将大规划分为很多小目标，每一个小目标的时间短一点，一个月左右，这样能在感觉疲惫之时给自己一些成功的喜悦，持续地补给能量，促使你为下一个小目标而努力。如此下去，或许你会收获比意料之中更大的惊喜！

或许，你会说，就这么简单吗？是的，就这样简单，"高不可攀"和"遥遥无期"这两个词都会远离我们，而"成功"和"喜悦"会靠我们越来越近！

在盲目中行进是一件危险的事情，既不能在适当的时候得到鼓励，又没有动力继续今后的生活，日子也愈加黯淡。可女人三十，应当多么灿烂！就像每一朵花的开放也有一个严格的过程控制，生根、发芽、长叶、汲取营养、花苞、绽放，每一阶段都不能出问题，每一步都是自然规划的结果。女人的生活当然也需要园丁的照料，而我们自己就是最好的园丁！

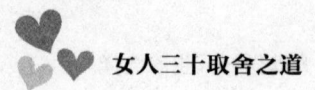

切记勿树敌，友多路才阔

女人三十，精力和体力都会随着年龄的增长而下降，如果不努力充电，知识也会略显落伍，但我们的朋友却会随着年龄的增长而增多，闺蜜、同事、同学、志同道合的朋友……作为女人，本身就具有与人对话的优势，如果更有意识地注重自己的谈吐，与人为善，和谐相处，避免冲突，良好的人脉一定会让我们的路走得更宽！

成功学大师卡耐基经过长期研究得出一个结论："专业知识在一个人成功中的作用只占 15%，而其余的 85% 则取决于人际关系。"生活在现代社会，三十岁的女人不再做梦，因为我们都知道谁都不可能成为第二个"鲁滨逊"。一个魅力女人，工作上不应该闭门造车，单独打拼，在生活中，更不可能给别人留下不好相处的印象。

学会处理人际关系，不单是女人事业成功的必修课，也是增添魅力的必修课。如果我们把人际关系比做大脑的神经网络，那么其中的每个人就是一个神经元，突起越多，与周边的联系就越多，也就比别人更加灵敏，自然成功的机遇也会大很多。所以，不管我们从事什么职业，生活在什么样的环境，我们都应该为拥有好人缘而努力。而拥有好人缘，并不是一件困难的事情。

王雪红在中国内地的知名度和影响力来自她是中国台湾女企业家首富。在王雪红 1992 年买下威盛时，威盛还是个毫不起眼且经营业绩很不好的小公司。但 1997 年，威盛发展成为紧随英特尔之后的全球第二大芯片供应商，且不断获得国际级大厂数额巨大的订单，发展势头颇为强劲。有人说王雪红之所以成功，在于她有一双会识人的"慧眼"，也有人说，威盛今天的盛势是由于她在资金面提供的强大支撑。然而更深层来分析王雪红与威盛的成功，会发现王雪红不仅会识人，还有善于激发员工潜在热情的鼓舞力。伯乐不只是要会识别千里马，还要懂得如何让千里马甘愿奔驰万里，始终无悔。威盛旗下的宏达国际总经理卓火士、全达国际总经理陈永源、建达国际总经理吴荣敏，都曾是自主创业的一流商业强手，可是深得柔性管理精髓的王雪红，却彻底打动了这些专业人士，使他们纷纷情愿投入麾下。

这源于她能以更广阔的胸怀来面对生命的变化，做人低调、不喜欢出风头。所以对于周遭的人，她更可以充分信任——授权，不会有不恰当的干涉。曾有王雪红的亲近人士说她："只要有道理、说得通，她一定会愿意充分授权。"

王雪红的"好人缘"就得益于她温和低调的个性。这并不代表她就缺乏主见或者性格软弱，相反这恰恰是一种柔软的对话方式，既能达到预先的目的，又能相互之间生出更多和气。

身为女人，或多或少会比男人感性，所以你很有可能在面对某些人时就觉得不太合眼缘，于是表现出不予理会的样子，这是与人交往的大忌。虽然你有自己的择友标准和个人喜好，但是如果对别人太露骨地表现出你的态度，就会让对方感觉到敌意，并会因此与你中断对话，不再联络。但人际关系的复杂之处就在于，今天的朋友说不定明天就会变成敌人，而今天是敌对的关系说不定明天就会站在同一阵线上。因此，"坦

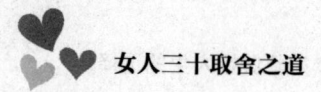

白爽快"固然可以，但也不要表现得太突出而截断自己的后路。

还有些女人，很容易脾气一点就爆，经常与人发生争吵，尤其是受到委屈或者意见相左的时候。其实争吵中根本没有胜利者。即使你在当时嘴巴获得了快感，但是同时你又为自己的道路增添了一块牌子，上面写着"此路不通"。

有个女孩性格偏于内向，不怎么爱说话。可每当有人就某件事情向她征求意见时，她说出来的话总是特别"刺"人，而且她的话总是在揭别人的"短儿"。

有一回，同事穿了一件颜色鲜亮的新衣服，别人都称赞说"漂亮""合适"之类的好话。但当人家一问她感觉怎样时，她却直接回答说："你身材太胖，这件新衣服不适合你，并且颜色太艳了，跟你的年纪很不相配。"

这"直爽"的话一说出口，便弄得当事人十分生气，而且其他大赞衣服多么多么好的人也显得很尴尬。所以，学会柔软地表达自己的意见多么重要啊！特别是有些并不违反自己做人原则的事情上，更应该学会表达，让与你相处的人感到舒心、温暖。

春秋时期吴国和越国互相视为敌国。在吴越交界的一条河上，吴人和越人经常会同坐一条船，但都不愿意搭理别国的人。有一天，河上突然刮起了狂风，暴雨接着来临，一条船即将被打翻。这时候，坐在船上的人不管是吴人还是越人，为求自保都争先恐后地去降帆，最后，平安地渡过了劫难。而生活在这条河附近的人们也开始减少敌意，有了简单的来往。

人和人就是如此，相比树敌，不如相互帮助。就算一个人你对他并无好感，但是如果能帮得上忙，也应出手一助，而不是硬性回绝，让人难堪。

所以，无论你是一个主管级人物还是一家之主，都应当避免与人争吵来一分高下，将自己的路堵塞。如果能用柔软的方式表达你的意见和态度，即使不能让人愉悦地接受，至少能化险为夷，不至于损伤关系，自然好人缘就有了。

怎样使自己成为一个受到大众欢迎的女人呢？从心理学角度说，改善人际关系的核心要点首先在于懂得换位思考。迫不及待左右逢源地打造自己的"好人缘"是完全没有必要的，为了"好人缘"去应付没完没了的饭局也只会把自己弄得越来越累。与其为难自己，不如学会用平常心来看待自己的得失荣辱，善解人意才是赢得好人缘的根本之法。

糊涂一点，你会更轻松

季羡林在自己的随想录中，把糊涂分为两种，一种是真糊涂，一种是假糊涂。假糊涂以郑板桥的"难得糊涂"最为典型。与其说"糊涂"一点，不如说是"潇洒"一点，"宽容"一点。作为一个三十岁的女人，大可以有一笑泯恩仇的气度，有糊里糊涂的俏皮，有大彻大悟的宁静。糊涂一点，看到逼仄的胡同就绕过去走宽敞大道！

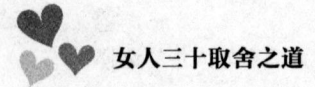

女人三十，舍的是钻牛角尖的较真，取的是难得糊涂的轻松！

在文学史上，最算计的女人莫过于王熙凤，"机关算尽太聪明，反误了卿卿性命"是她的人生写照。会算计的精明女人，在人前显得很风光，可是真正得到的却又是另外一番模样。

一个习惯精明过日子的女人，一定是很累的。她时时刻刻都要想着不吃亏，想着要弄清楚每一件事情的来龙去脉，想着要从简单的事情中算出个所以然来，时间也就在这"较真"中浑然流逝。

俗话说，三分流水二分尘。生活在现实里，没有任何完美的事物，真正智慧的女人在面对百态生活时，流露出的也是智者的态度，她们从苦辣酸甜的百味中，体验到争强好胜的无趣、争名逐利的无用，从而不去计较个人的成败得失，遇到关乎自己切身利害的事情，也只是淡然处之，以静养心。

洋洋嫁给老公的时候，他是大学里年轻的讲师，站在讲台上激情飞扬地大谈叔本华，台下的女生们多数是冲着英俊老师来的，洋洋却全身心地投入婚姻之中，也不在意那些女学生偶尔夹在作业里的情书。

付慧的出现差点儿击碎了洋洋的幸福梦想。她是老公的同事，年轻，家境富裕，并且学识丰富，举手投足之间带着一种大家闺秀般的美和气势。付慧明显地向老公表示好感，根本不在乎他的已婚身份。男人到了这种地步，不免有些心猿意马，暧昧不明。很多人都来向洋洋告密，有的是打抱不平，有的纯粹为了看热闹。

洋洋却还是和以前一样，看自己的书，种自己的花花草草，在老公回家的时候，给他送上舒服的拖鞋；在他起床洗漱的时候，提前给他挤好牙膏。她对烹调的兴趣越发浓厚，时不时来些新奇的花样。比如把香蕉切成小块，浇上酸奶，然后裹上全麦饼干屑；去凤凰旅游的时候学会了用蒜叶和新鲜芫荽加干辣椒炝炒；跟婆婆学会了做四川泡菜。

种种小创意让在外面吃惯了大鱼大肉的老公回到家来就会忍不住多添一碗饭，赞一句还是家里的菜好吃。洋洋把周末的时间精心策划起来，老公有空的时候，带上孩子，开车到附近的农家乐，踏青，看红叶。老公没空陪她，她就自己带着女儿去儿童乐园，或是看最新上映的动画大片。每次娘俩儿都开心地手牵手回家，女儿欢声笑语，洋洋红光满面。

老公终日担心，如果洋洋提出那个难堪的问题，他不知道该如何回答。但洋洋开开心心地过自己的日子，从来不多问一句。当然洋洋也有变化：她恢复了几分婚前活泼可爱的样子，穿衣打扮越发精致；她参加了瑜伽课，学打网球；她组织姐妹旅行团去尼泊尔，回来容光焕发，给女儿带回一条手工绣花的小裙子，送老公一个乌木镶银的烟灰缸；她甚至开始学习英文，居然可以磕磕巴巴地和美国网友聊天！

这个跟了自己10年的女人身上原来还有那么多自己不了解的特质和能量，这一切都让他感觉既陌生又熟悉，并深深为之吸引。

付慧的事情居然就这么慢慢地淡了，没了。女友去看洋洋，崇拜无比地追问她婚姻保鲜的秘诀。洋洋笑说，见怪不怪，其怪自败。

这就是洋洋幸福的秘诀，偶尔装糊涂，却能获得幸福。现实生活中，处处都在上演着和洋洋一样的故事，可是结局却大相径庭。更多的女人，遇到这种情况，就算不哭不闹，也会质问付慧是谁，或者偷偷调查一番吧！即使有沉得住气的，在别人都来打抱不平的时候，总归心里会有很

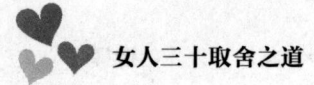

多疑惑，会有些小小的举动，想办法查点蛛丝马迹。可是洋洋却是以静制动，不闻不问，反之充实自己，让老公不知不觉地回到自己身边。这就是"较真"和"糊涂"的区别。

其实，生活中很多事情真正"较真"起来又有什么用呢？生活远比数学题复杂，不是认认真真计算就能得到正确答案圆满结束的。生活，尤其是感情中的"较真"和"算计"往往不仅得不到自己想要的，反而会使得原本平静的心更加焦灼，原本还能挽回的局面变得不可收拾。与其伤害自己，还不如学洋洋，装一装糊涂，不但可以平静地应付局面，给对方一点空间，一点回旋的余地，一次反省的机会……同时也是对自己的一种保护和释放。

生活中很多事如风筝，你把手中的线拽得太紧，那个被风筝牵系的人会不自在，会反抗，会与你出现矛盾，你适当松一松手中的线，事情会明朗许多。

在生活中更需要这种勇于糊涂的精神。面对让自己感到不悦的事情，比如邻居的垃圾放在了你的门口，与其按门铃与另一个三十几岁的女人理论一番，不如装装糊涂，举手之劳罢了。当然，装糊涂也不是说一味忍让，它更是一种阅尽人世之后的豁达之心。只要不偏离道德的航线，不违反你做人的原则，偶尔装一装糊涂，可谓大智！

一个懂得偶尔装糊涂的女人，一定是可爱的，也一定是心地善良而宽广的。与那些人前精明的女人相比，这样的女人也更受欢迎。适时的糊涂还可以助我们绕开很多困惑，得到许多的轻松和幸福！与其让自己纠结在一个"结"里拼命挣扎，不如学会看淡，学会释然，这是一门生活哲学，也是女人活得幸福的途径。

第四章
CHAPTER 4

取优舍缺——
抛弃缺点，获取优的释放

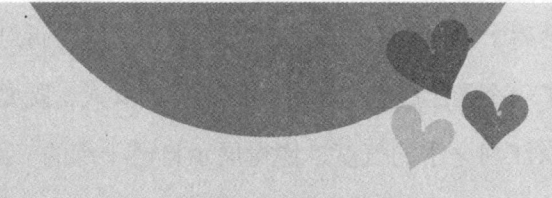

人都有缺点和优点，能正视自己的缺点是一种洒脱的心境，能放大自己的优点更是一种处世的智慧。三十岁的女人，经历了岁月的洗礼，应该已经懂得自己的性情，也应该积极探索充分享受生活的方式，不让自己再被生活的琐事困扰，不让自己被平庸的生活所掩盖，更不要让自己的心在计较中变得疲惫。三十岁的女人，应该是平衡的、优雅的，也是令人美慕的。

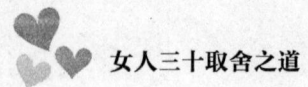

三十岁的女人要学会说"不"，丢掉胆小与懦弱

胆小和柔弱是女人的天性，他们往往不懂得拒绝。在很多情况下，很多女人都会碍于情面，不愿意将自己的难言之隐告诉对方，最终只能将自己推到了一个无比尴尬的境地。三十岁的女人，既要有泉水的淳朴恬静，又要有江河之水的气度，懂得展示自己干练的一面，该说"不"的时候，就要勇敢说出来。只有这样，才能让对方体谅你的难处，而你自己也不会因为承诺无法兑现而心怀歉疚和不安。

一个性格温和的三十岁女人，常常会有着如何拒绝别人的烦恼。因为女人总是心软的，当别人提出要求时，虽然往往也会去想自己能不能做到、要不要答应，但是看着别人期待的眼神，多半就答应了，事实上自己有没有那个能力去解决这个问题还是未知之数，只是因为害怕拒绝别人，结果反而弄巧成拙把自己逼进了一个很尴尬又狭小的胡同。

在工作中，女人也常常会犯这样的错误。同事的请求，虽然心里并不乐意，可是还是照单全收，只是因为害怕拒绝会影响彼此的关系，更不愿意因为拒绝而被人说是个冷漠的人。殊不知，反过来想，这些请求是合理的吗？所谓"救急不救穷"，有时同事的请求是因为偷懒想找人分担罢了。

所以，在面临这种情况时，女人们与其犹豫其中关系的复杂，不如直接问自己两个问题：一是"他真的需要这个帮助吗"，二是"我是不是有能力帮他"。

说"不"，很难，因为这是一个语气强烈的否定词！

一个小女孩问父亲："世界上最难发的音是什么字？"

"我知道一个这样的词，它只有两个字母，但是它却是世界上最难说的字！"父亲说。

"只有两个字母！那能是什么呢？"小女孩问。

"在所有的语言里，我所见过的最难说的词是只有两个字母的 NO（不）。"

"您在开玩笑！"小女孩喊道，她不以为然地说，"NO，NO，NO！这真是太容易了！"

"今天你可能觉得很容易，但以后你会明白为什么这个字是最难说的。"

"我总能说出这个词，我肯定能。"小女孩显得很有信心，"NO，这就和呼吸一样容易。"

"好吧，小女孩，我希望你能在该说这个字的时候，把它说出了！"

第二天，小女孩和往常一样去上学了，在学校不远处有一个很深的池塘，冬天孩子们常在那里滑冰。

一夜之间，冰已经覆盖了整个湖面，但冰还不是很厚。他们认为到

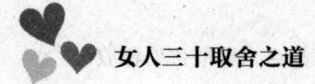

下午的时候就可以滑了。放了学，孩子们都跑到了池塘那儿，有几个已经走上了湖面。

"来呀！"伙伴们大声喊道，"我们可以好好滑一圈了。"小女孩有些犹豫，她看到冰冻得并不结实。

"放心吧！以前冰面也在一天之内就冻上过，肯定不会有问题的！"

"去年冬天还没有现在这么冷，但是湖面一天就冻上了，我们还在上面滑了呢！"

"只有胆小鬼才不会来呢！"伙伴们讥笑道。

小女孩不能忍受伙伴们的嘲笑，她一直都认为自己是一个勇敢的孩子。"我才不是胆小鬼呢！"她大声说道，然后就冲上了湖面。孩子们在上面玩得很高兴。慢慢地，湖面上的孩子越来越多了。突然有人大声喊："冰裂了，冰裂了！"结果小女孩和另外两个孩子一起掉进了冰冷的湖水中。

当人们把他们救出来的时候，三个孩子都冻僵了。

晚上，小女孩醒了过来，坐在温暖的炉火前，父亲问："为什么不听我的话，要到冰面上去，难道我没有警告过你那是很危险的吗？"

"是他们要我上去的，我本来并不想那样的。"小女孩低声地说。

"难道是他们拉着你的胳膊，把你托上去的？"父亲接着问道。

"不，没有，但是他们嘲笑我是个胆小鬼。"小女孩回答。

"那你为什么不说'不'呢？你宁愿不听我的话，冒失去生命的危险也不愿对人说'不'吗？昨天晚上你说'不'是最容易说的，但你并没有做到，不是吗？"父亲最后说道。

小女孩回答不上来了，现在她终于明白了为什么最难说的字是"不"

字了。

说"不"难，但换一种角度看，学会说"不"并不难，只要你敢于尝试，先扔掉你的胆小和顾虑。有时候，说"不"不但不会给自己惹来人际关系上的烦恼，反而，这种懂得明确自己立场，表明自己价值追求和生活态度的人，还会得到别人的尊重与欣赏。

"万人迷"陈好透露她刚出道时工作比较被动，也很拼命，但慢慢地就学会了说"不"，所以现在会在工作协议上签下一些保护性的条款，比如，每天工作10小时，连续休息不能少于10小时，等等。她说她从来"不会同时接两部戏，而且也不会一部戏接一部戏地拍，中间必须有休息时间"。她说"（人）至少要知道自己的上下限是什么。上限太高，超出了你的能力，就要学会放弃；下限太低，也要懂得不妥协。我很早就确定了做任何事情都不能伤害我的身体，不能以牺牲健康作为代价"。"现在的都市人，大多在透支生命，总想趁着年轻赶紧忙完了就好了，或者把现在挺过去就好了，但工作是永远也做不完的，问题也会周而复始地出现，这样下去的结果只会是早一点完蛋"。她说"不会去做一件自己不喜欢的事"。说"不"是为了让自己以更好的精神状态投入工作中，事实证明，这种拒绝使得自己的事业发展更符合自己所想的方向。

会说"不"的女人是自信的。心理学研究发现，拒绝的能力与自信紧密联系。缺乏自信和自尊的人常常为拒绝别人而感到不安，而且觉得别人的需求比自己的更重要。作为一个三十岁的女人，面对自己能力所

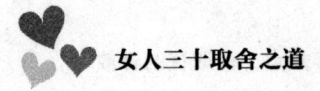

不及的事情，或者违反自己原则的事情，你完全有权利说："不"。因为只有这样，才不会让人误解你的能力，也不会耽误别人的事情。

当然，拒绝别人也要讲究技巧，当我们对上司、对朋友使用它时，一定要面带微笑，语气亲切。即使是对素不相识的营销人员，也要讲究点方式方法。不要趾高气扬，让人误会你是能帮却不愿意帮忙。最好能向别人委婉地说出自己的难处，得到别人的体谅和理解。如果遇到亲戚朋友托办，一定要说清楚其中的道理和利害关系，这样，亲戚朋友们会理解你，也不会因此而与你心生罅隙。否则，支支吾吾，犹豫再三，只会令对方心生疑虑而对你不再信任。而面对朋友的有些请求，自己能力不及时，还可以为朋友想办法，一起寻找解决问题的途径，这样才不失一个朋友的情义。

总之，拒绝是一门艺术，也是生活智慧，我们只有在实际生活中运用这些智慧，才能让自己的生活真正受益。与其选择在无法兑现的承诺里，跟自己的内心作斗争，还不如选择轻装上阵，让自己更好地去做力所能及的事情，这样岂不是更有意义吗？所以，亲爱的你，大胆地抛弃自己的犹豫吧！

聪明出色的女人明白，"拒绝"最核心的原则就是要让对方感受到你的真诚和善意，从而取得理解。在这个世界上，谁也不是万能的，女人更没有三头六臂来充当"杨世祖"的角色。即使你的性格再怎么善良热情，记得处理事情量力而行，在无法接受时要敢于说"不"，因为这是你的权利，也是女人处世智慧的一种体现！

不要再吝啬你的赞美

女人都喜欢被赞美，其实每个人都喜欢听到别人对自己的夸赞。但是却少有人愿意给出这并不费力的礼物。赞美别人，既是自己气度的体现，也能让被赞美者更有信心和热情。何乐而不为呢？更重要的是，赞美能挖掘对方的优点，让周围的气氛变得更融洽。如果你仍然感觉到孤独、生活无趣，那么现在开始，就不要吝啬你的赞美之词吧，其实世界一直对我们敞开着胸怀，是自己把自己隔离在了它的外面。

在办公室里，看着一成不变的工作环境、一成不变的工作方式，不知不觉中就会使人变得丧失热情，心情烦躁焦虑。回到家，满屋的脏衣服、肆意摆放的物品，也会让你感到疲惫。为什么我们会生活得这么累？

但是如果情况是这样的，每当你做完一项工作，就会有人对你说："真棒！真不错，继续努力哦！"或者回到家时，老公在你耳边说："亲爱的，辛苦你了，幸亏家里有你。"你的心情又会怎么样呢？在《红楼梦》中有这样一段描写，本来宝玉就是一个追求自由，受不得半点约束的人，史湘云、薛宝钗却用心良苦地劝宝玉好好学习，以后做官，宝玉对此大为反感，对着史湘云和袭人赞美黛玉说："林姑娘从来就没有说过这样的混账话！要是她也说这些混账话，我早就和她生分了。"

恰巧黛玉此时走到窗下，听到了宝玉对自己的赞美，"不觉又惊又喜，又悲又叹"。之后宝玉和黛玉二人互诉衷肠，更加亲密无间。在黛玉看来，宝玉在背后赞美自己，就是对自己的欣赏与肯定。是的，我们

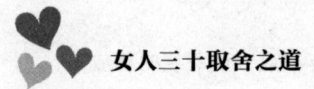

的内心都会有这种渴望，连林妹妹也不能免俗。我们渴望得到赞美和关心，渴望自己所做的都能得到肯定。但是现实却常常冷冰冰，因为生活中，有许许多多的人不习惯赞美他人。

我们都需要赞美，可是我们都得不到，这是一个奇怪的现象。但是有一种办法能改变这种局面，就是从赞美他人开始！赞美别人吧！你也会自然得到他人的赞美，从而使自己的生活增添很多美好愉快的情愫。

赞美是一种很有效的交际技巧，它能将人与人之间的心理距离缩短。在成功的企业，用诚心地赞美来激励那些有理想的员工，强过任何复杂的管理方法。因为对他人的欣赏，是回馈给对方的最好的奖励。而在日常的生活中，赞美他人，是关爱与欣赏的表达，也是与人交往的灵丹妙药。你会发现，那些被你赞美过的人遇到你时会绽露善意的笑容，并且她们都愿意和你再亲近。

一个很受欢迎的女人在别人问起秘诀时，她特别提到了"赞美"在生活中的重要性：对肥胖的人说，你的皮肤很好，光滑又有弹性；对瘦弱的人说，你的身材真好，一点儿也不胖；对矮小的人说，你生得真娇小玲珑；对长得美的人当然称赞她漂亮美丽，对不漂亮的人就说她有内涵、有思想。对常常见面的人说："哇，你的衣着总是那么好看，你在哪儿买的？"或者说："你看起来容光焕发，精神很好啊。"对不常见面的人说："啊，你还是没变，你还是那么年轻美丽。"有一次她对一个很平常甚至有些丑的女孩说："你的牙齿很美，又白又亮，像颗颗珍珠一样闪闪发光。"那女孩激动得眼泪都出来了，说从来没有人这样赞过她，回家后她常常在镜子前看自己的牙齿，发现一口白牙真的还不错，可是以前怎么没发现呢，于是就常常在人前露出她甜美的笑容。慢慢地，女孩就有了一些改变，由沉默变得活跃，由自卑变得自信。她也曾对一个又胖又矮的女子说："你的头发又黑又亮，细细的挺柔软挺有弹性。"她兴奋得尖叫："是吗？我的头发真那么好吗？"从此细心地打理一头秀发，让它成为自己身上少有的闪光点。有一个朋友总是向人抱怨自己长得不好看，要身材没身材，要五官没五官，皮肤也黑不溜秋，总觉得自己一无是处，是上帝错捏的一个泥人。她说："怎么会呢，你看你的那双眼睛像一潭深深的湖水，水汪汪的，清澈明净。人说眼睛是心灵的窗户。你那心灵的窗户这么清纯，你的心灵也一定很美。"那女子从此与她成为知己，说她是迄今为止唯一能读懂自己的人。瞧，这就是学会赞美的结果。这世上没有绝对十全十美的人，但是每个人都必定有值得赞美的地方，只要你有善于发现美丽的眼睛和一颗善意和称赞的心。正如这个好人缘女人所说的那样，适当地挖掘对方的闪光点，用言语表达出来，不但会让人更自信，也会给双方都带来好心情。

事实上，再好的人都有追求更完美的心态。身材好的人想为什么不能相貌更好一些，五官精致的人想为什么不能皮肤更白皙一些。相貌出众的人想为什么不能再聪慧一些？总之，你的赞赏和肯定一定都用得上。

当然，赞美还要有一个合适的"度"。再动人的赞美说得太多或超越事实太多，就变成虚伪的谎言，反而让人猜疑，有"此地无银三百两"之嫌。最重要的，赞美他人时要有一个诚恳的态度。人的心是灵敏的，虚假的赞美会令人生厌，也让人觉得你是一个油腔滑调、不值得深

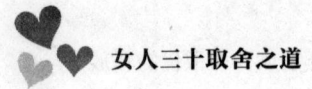

交的人。

一位先生听说，外国人非常喜欢他人的赞美，特别是外国的女人，最爱听人们夸她们漂亮。后来，他出国了，就试着去赞美别人，效果不错。一天，他去超市，迎面走来一位很胖的妇女。他习惯地说："哦，女士，你真漂亮！"不料那位妇女白了他一眼，不满地说："先生，你是不是离家太久了？"与其虚伪地赞扬别人，不如选择不说。当然，如果你真的不知道说什么好，但是确实是以欣赏的态度来相处，只要投以赞许的目光，露出一个鼓励的微笑，或者做一个夸奖的手势，写几句肯定的话，也是一样的。赞美并不一定要用固定的词语和方式，只要你是由衷的。

所以，学着诚心地赞美你周围的人吧，这是人生中最令对方温暖且最不令自己破费的礼物，也是你给自己的很好的礼物。因为心中有赞美，你看到的世界也会是美的！

不管男人、女人，还是老人、孩子，没有人喜欢听讽刺或是责难的话。因此，不管在工作场合还是在家里，不妨把赞美当做说话时的一个习惯吧，将快乐带给你身边的人，也将这份快乐传达给自己。这并不难做到，只要你有一个开阔豁达的心境，有一双乐于发现别人优点的眼睛。当你真正学会这种说话技巧时，你的生活会变得更为理想，也更为顺利！

过度依赖容易缺乏自我

作为一个三十岁的女人，我们首先必须要做到自我的独立，不要让自己变成别人希望的样子，更不要有"一旦失去就会寻死觅活"的想法。我们要给男人这样的暗示："即使在爱情里，我会暂时闭上眼睛沉浸陶醉，但是我的心也会时刻提醒我是靠在悬崖边的一棵树上。"因为偶尔的依赖撒娇会让人觉得很甜蜜，但是过分地依赖会让人觉得缺乏主见。一个依靠在悬崖边的女人，没有自我，谈何一生一世的安定？

女人是水，但是请不要做静止在一方池中等待雨水补给的死水，而要做自由流动的鲜活的清泉！

当一代才女张爱玲爱上胡兰成，她送了他一张自己的照片，并在照片背后写了一句话："见了他，她变得很低很低，低到尘埃里，但她心是欢喜的，从尘埃里开出花来。"后来，那个男人抬一抬脚就离开这块开着花的土地，而那尘埃里开出的花，因为开得低，也再也进入不了他的视线。

当初，胡兰成爱上张爱玲，因为她是一个工作独立、事业独立、经济独立的女性，更因为她妙语连珠，对社会、对人生有着独特的看法。但是将自己放低的爱情，让爱玲失去了原本属于她的一世安定。

女人之于爱情，是什么样的关系呢？有人说女人的自然使命和天职就是爱情，爱唯一的一个人的爱情，永恒的爱情。但是女人们忘了，在他爱上你之前，首先你是独立的。他爱的首先是那个独立的你，而不是那个爱他的你。

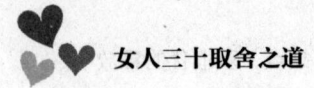

张爱玲遭遇爱情，像每一个普通的女人一样，忽略了自己，这个爱情悲剧到今日仍然在不断地上演。

玲玲是一个清秀的女人，念书的时候素有才女之称，在大家眼里她是一个很有思想、对生活充满好奇和感悟的人。毕业走上工作岗位以后，玲玲继续发挥着自己的专长，成为一家杂志社的编辑，在这个岗位上一干就是十年。

2007年的夏天她遇见了现在的丈夫。他是一家外企的主管，工作很努力，为人也很上进。两个人一见面似乎就很投缘，谈天说地，聊了很长时间。在对方的眼里，玲玲真的是一个知识渊博，很有才学的女人，和她在一起自己真的学到了很多东西，长了不少见识。就这样两个人相处得很愉快，并慢慢产生了感情。经过一年多的热恋之后，他们喜结连理，成了夫妻。

起初两个人的生活温馨而甜蜜，在丈夫眼里，玲玲真的是自己的小娇妻，不但把家里事情料理得妥妥当当，还做一桌拿手好菜。但时间一长问题就渐渐显露出来，玲玲的丈夫开始意识到，玲玲没有以前爱打扮了，对自己也看得越来越严。只要有女同事给自己打电话，玲玲就开始疑神疑鬼。变化还不仅仅于此，他发现玲玲现在越来越不爱动脑筋，大事小事都要他来拿主意，就连今天吃什么饭都要向他请示。刚开始的时候他还能够接受，可是时间一长就觉得特别没意思。他开始怀念刚开始接触玲玲的日子，觉得现在的玲玲和以前简直是判若两人，曾经玲玲的博学多才是如此地打动他，可是现在两个人的交流却越来越少，一坐下来说的都是些家长里短，这让他觉得很无趣、很乏味。他越来越不愿意回家了，慢慢地他觉得家不再温馨，而是一个单调的牢笼，一进去就只能眉头紧锁。

看到丈夫的变化，玲玲内心也很委屈、很痛苦，她知道自己很爱他，看着他不断地疏远自己，天天到外面寻花问柳、寻找刺激。玲玲真的有些不知所措，在她心里一直是很依赖丈夫的。

终于有一天玲玲的丈夫向玲玲提出了离婚，原因是他遇到了能够给他希望的女人。"玲玲，你不要总想着什么事情都依赖我，我每天上班已经很烦了，可回家让我觉得一点乐趣也没有。我告诉你，两个人在一起要的是依恋而不是依赖。现在我终于认识了懂得生活的女人，这是我最后一次劝你，找回以前的你吧，否则不会有任何一个男人对你用心了。"

聪明的女人总会给男人制造一些距离感的假象，因为她们知道依恋和依赖是完全不同的两个概念。懂得经营爱情的女人，绝对不会做那个无私奉献的付出者，她们从来不会安安静静得像布娃娃一样躺在男人的手心里，更不会轻易地为一个男人改变自己。因为她们明白自己的魅力正在于她是自己，而不是附属。她们保持自己的个性，保持自己的思想、自己的生活，更知道每天多花些心思在自己身上，让原本的自己更美、更灿烂，也牢牢地把握着感情的主动权。

李玉大学毕业后回到家乡当了一名教师，可是后来受到排挤离开了校园。离开校园的她不久就嫁给了一个大她三岁的男人。男人在外面做生意，一年也回不了几次家。后来她有了一个女儿，这使她在那个重男

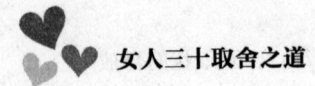

轻女的家里彻底失去了地位，她的婆婆对她的态度变得越来越恶劣。她的丈夫回家的次数也更少了，后来听说在外面有了外遇，要和她离婚。离婚后，她自己带着孩子很困难，别人都劝她再嫁个人吧，一个女人带个孩子不容易。可是她不同意，她怕"后爸"对孩子不好。自己凭着中师毕业的资格，在家办了个幼教班，收了几个学生，以维持生活。三十岁的女人，看起来异常苍老，她常说："我这一辈子什么都没有，就指望我闺女了。要是没有她，我早就不活了。"

李玉依赖自己的丈夫，结果失望了，现在又依赖孩子，她给自己留的生活空间太小。所以当依赖的人不能再依赖时，她的世界就垮掉了。和她一样大学毕业的同学艳芳却不同，她自己开了一个书吧。她的生活理念是为自己而活，活得精彩。她并不看重物质，对爱情也并不付出全部的期待，她更关注生活里每一点一滴的感动。所以她才开了一个书吧，因为她自己很喜欢阅读，周末时会约上一两个知心好友去逛街，会在闲暇的时候去健身，让自己忘掉生活中的烦恼和琐碎的事情。

看着这么显著的对比，女人，做坚强而自信的自己吧，不依靠任何人生活，无论是精神还是物质，都能保持独立。哪怕你努力的所得在别人看来只是微不足道的分量，但是于你自己却是全部。只有拥有了自己的独立资本，你才能更自由地生活，爱你所爱的人，爱你所爱的事物！

如果说女人是一朵花，并且天生要为爱情而傻傻地盛开一次才能生出自己的芬芳，那么就让我们做那开在高高枝头的那一朵吧！三十岁的女人，在爱情里面更应该把自己变成一棵茁壮的玫瑰花树。开花或凋谢，都不会影响生命的运转，只要春天还回来，那么来年又会开出新的花朵，一样芳香四溢！

在爱情里，女人的依恋首先是一剂良药，继而是一种负担。试着问问自己，他有像你对待他一样地对待自己吗？如果没有了他，自己的世界真的就天崩地裂无法收拾了吗？爱情，是生命的能量之一，绝不是全部的能量源泉。明白了这一点，才知道，多爱自己一点是多么重要，自私一点，多花一些心思在自己身上，爱情和生活反而会有柳暗花明的局面。

可以羡慕，但不能攀比

三十岁的女人，拥有成熟的心理，优雅的气质，但放眼周围，肯定会发现在你的身边有比你还出色亮眼的人。这个时候的你，可以羡慕或学习，但不要用忌妒的心理去看待这个人，更不要因此而自己郁闷，因为世上没有"第一"，攀比的结果永远都只能是悲愤交加，失掉原本的快乐。

自知、自信的成熟女人，才懒得比！

尽管我们都知道"人比人气死人"的道理，可是仍然没办法不去比较，这其实都是我们的虚荣心在那里作怪。事实上，谁也不可能在这种比较中永远获胜，因为每个人都有自己的优势之处，相较之下，你会发

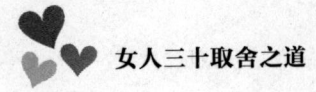

现好像自己全身都是弱势，没有一样比别人强的。每个女人在比较中都会发现——没有第一。

三十岁的女人身上，有很多可以拿来比较的东西，事业、房子、车子、老公、孩子……但是谁能样样都占先呢？于是，越比越不自信，越不自信心情越差，殊不知这些烦恼都是自找的。试想一下，我们的生活还不够多需要我们思考的问题吗？为什么还要给自己找完全无意义的烦恼呢？

泉泉最近参加同学朋友的聚会明显多了起来，因为老公这一次评职称，终于评上了教授。泉泉自我感觉比以前好了很多。

以前，朋友相聚的时候，泉泉只能坐在一旁当一个群众演员。在同伴们谈论和老公去国外旅游，或者是老公又为自己买了一个名牌包包之类的话题的时候，泉泉只能是附和性地笑笑。但是最近泉泉感觉自己的老公还是不错的，已经荣升为教授，这也是令人很兴奋的事情。因此，在聚会的时候，她也会加入谈话中，而不是自卑地坐在一旁。

最近这几次，她从同学会回来，心情都会很好，直到最近这次的同学会。因为她在别的同学那里得到消息，有一位同学的老公在几年前就已经被评为教授了，现在又升为校长，这位同学现在已经是大学校长夫人了。因为这位同学平时不怎么爱说话，泉泉和她自然也没有什么交流，她从来没有听说过这位同学的老公也是在大学里工作，而且现在已经当上了大学校长。别的同学正热烈地谈论着这位成为大学校长夫人的同学，只有泉泉没有出声，因为她的心情已经跌到谷底了。泉泉借口去洗手间，她看着镜子里的自己，眉头紧锁，一脸忧郁。她知道她这是忌妒了，赶紧找借口离开了。

回到家后，泉泉一边为自己所产生的忌妒心理而自责，一边又暗暗决定以后只要有这位同学参加聚会，自己肯定是不去了。

很多女人都像泉泉一样，对自己的生活很不自信，需要得到别人的肯定才能快乐，所以没有条件的时候，选择不参加聚会，躲避攀比的场合，一旦觉得自我感觉良好时，虚荣心让她穿上最好的衣服，精心装扮后开着车去参加聚会，只为了让别人羡慕，让自己满足。这种攀比其实不但不能满足女人的虚荣心，反而会让女人更不自信，因为今年你是全班里近况最好的，明年就不一定了。即使你表面上一直是班里最好的，真正的快乐又有多少呢？攀比让女人时常对自己提出更高的要求，有些甚至是超出能力范围之外的要求，把自己和家人都弄得很疲惫。

因此，女人与其在乎别人的看法，不如抱着一颗自信的心，面对别人比自己好的地方，真诚地赞赏，面对自己比别人强的地方，知足珍惜。

强是一个三十岁的男人，可是际遇不佳，仍然在打工行列，工资不高。但是他的女朋友让他感到越来越累。强和女朋友两个人都是打工一族，刚开始他们的感情挺好的，两个人的工资加起来虽然不高，但也够租房子和日常开销了。可是，自从女朋友看到大学时的某位同学交了一个有钱的男朋友后，心理就开始不平衡了。原来买衣服从来不挑牌子，甚至哪儿便宜往哪儿钻的她，现在也是一买衣服就是几百几百地花钱，不仅是衣服，包括皮包、鞋子都是非品牌不买。这样的消费对于工资不高的强来说是完全负担不起的。

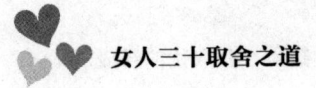

为了尽量满足女朋友，强自己只有一省再省，实在是经济上周转不过来，他就找朋友借钱。有一次，强在单位加班，女友打电话说她在请朋友吃饭，让强准备 1000 元钱去结账。强一听就火冒三丈，1000 元钱吃顿饭完全用不着，他实在忍不住对女友发了火。女友却委屈地说："凭什么别人长相、条件都不如我，都能找个有钱的男朋友，要什么有什么，我却要跟着你过这种窝囊的日子……"听了这番话，强心里有一种说不出的滋味，他分不清到底是自己无能，还是女友太虚荣。他只是觉得如果要达到女友所要求的生活，他不知道还要奋斗多少年。一时间，强像只泄了气的皮球，自卑、失落、难过，在自尊心的驱使下，不得不跟女友提出了分手。

很多女人都和强的女朋友一样，攀比导致生活完全失去了理性的秩序。其实想想，费了那么大的劲，让自己和家人那么累，难道就是为了让别人羡慕，让自己得到一些虚无的满足吗？而那些别人看起来了不起的一面，其实背后是苦是甜，又有多少人真正知晓呢？

切不要让虚荣打乱阻碍你原本美好的生活。三十岁的女人，早该看淡了那些物质的表面奢华，真正美好的东西永远存在于心灵，与其比着装，比房子，比谁看起来更幸福，不如培养自己自信充实的内心世界，让自己的生活真正有品质，即使是粗茶淡饭、荆钗布裙，也同样可以充满愉悦。

生活永远都是自己的，每个人的生活也都是如人饮水冷暖自知，与其心力交瘁寝食难安地去幻想和比较，不如让自己活得更轻松、更自在！

在面对比自己强的人时，如果你依然能够有自己的优雅和光彩，从容以对，这样的你无疑是最美、最智慧的。因为智慧的女人，知道自己生活的标准和幸福的定义，懂得关照自己的内心和人生，而不会盲目地用别人的标准和价值观来衡量自身。只要在不断地努力，不断地获得进步，不断地在靠近自己想要的生活，就是最幸福的。

幸福，其实就是这样简单，不是吗？

太计较得失，只会让自己更累

古语云："生年不过百，常怀千岁忧。百事从心起，一笑解千愁。"女人有时候容易跟自己较劲，明知并不重要的东西，可是却还是为了得到而筋疲力尽。三十岁，我们真正想要什么？不想要的为什么不彻底舍掉？人生不过匆匆一遭，不必和自己过不去，也不必去计较那些小事，多一分计较，就多一分忙乱。少一分计较，就多一分轻松。

女人三十，你会发现从前做过的美梦原来一个都没有实现。你曾幻想过公主般的生活，可是最后还是要流汗拼搏。你曾幻想自己长成美好无比的女人，可是最后发现总是会有些小缺陷。生活也并不是理想的环境，你发现生活中太多可以挑剔的方面，鸡毛蒜皮，都可以拿来计较，可是反过来想，我们所拥有的生活，为什么不选择好好珍惜、知足常

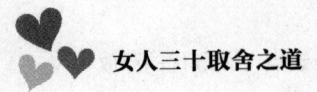

乐呢？

计较生活的得失，永远都和"坏心情"挂钩。得不到的时候会焦虑，得到了再失去会怅然心痛。生活永远无法快乐。

可是上帝永远不可能眷顾到每一个人，每个人所承载的总不会是完满的。有权势，也许没有了自由；有事业，也许没有了健康；有金钱，也许没有了真情……人生漫长，高低起伏不一，没有人能永远站在最高处，没有人能永远春风得意、心想事成。

"祸兮福之所倚，福兮祸之所伏"。得与失和祸福一样也可以互相依存，可以互相转化。当你沉浸在"得到"的喜悦中时，却不知你同样在"失去"，只是"得到"的那么耀眼，而"失去"的显得微不足道。同理，当你失去一样东西的时候，又怎么知道不是另一种得到呢？人世间就是这么奇妙，舍得舍得，有舍就有得；得失得失，有得就有失。既然如此，更不必执着于是得到了还是失去了什么。与其为了那起伏不定的际遇而让自己或喜或悲，不如活得简单一些，只为所拥有的幸福而活，少一些欲望，多一些知足。用自己的真诚、期待和乐观的心态去面对每一次地得到与失去。

周国平写过一个关于得失的小故事。

一个婴儿刚出生就夭折了，一个老人寿终正寝了，一个中年人暴亡了。他们的灵魂在去天国的途中相遇，彼此诉说起了自己的不幸。

婴儿对老人说："上帝太不公平，你活了这么久，而我却等于没活过。我失去了整整一辈子。"

老人回答："你几乎不算得到了生命，所以也就谈不上失去。谁受生命的赐予最多，死时失去的也最多。长寿非福也。"

中年人叫了起来："有谁比我惨！你们一个无所谓活不活，一个已经活够数，我却死在正当年。把生命曾经赐予的和将要赐予的都失去了。"

他们正谈论着，不觉到达天国门前，一个声音在头顶响起：

"众生啊，那已经逝去的和未曾到来的都不属于你们，你们有什么可失去的呢？"

三个灵魂齐声喊道："主啊，难道我们中间没有一个最不幸的人吗？"

上帝答道："最不幸的人不止一个，你们全是，因为你们全都自以为所失最多。谁受这个念头折磨，谁的确就是最不幸的人。"

这个故事说明真正的不幸，根本不是因为你本身的遭遇，而在于你对现有生活的看法。谁受这个念头折磨，谁的确就是最不幸的人。只要改变这种念头，其实人生并无得失，也没有因得失而来的痛苦。

造物主在创造蜈蚣时，并没有为它造脚，但它仍可以爬得和蛇一样快。

有一天，它看到羚羊、梅花鹿和其他有脚动物都跑得比自己快，心里很不高兴，便说："哼！脚愈多，当然跑得愈快啊。"

于是，它向造物主祷告说："造物主啊，我希望拥有比其他动物更多的脚。"

造物主答应了蜈蚣的请求。他把很多很多的脚放在了蜈蚣面前，任凭它自由取用。

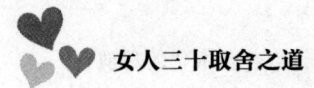

蜈蚣迫不及待地拿起这些脚，一只一只地往自己身体上贴去，从头一直贴到尾，直到再也没有地方可贴了，它才依依不舍地停止。它心满意足地看着满身是脚的自己，暗暗窃喜："现在我可以像箭一样飞出去了！"

然而，等它想要开始跑步时，它才发现自己完全无法控制这些脚。这些脚都在各走各的，所以蜈蚣一定要全神贯注，才能使一大堆脚不致互相绊跌而顺利地往前走。这样一来，它走得比以前更慢了，而且还累得够呛。

太计较得失的人就会像这条蜈蚣，表面上看，通过辛辛苦苦地钻营获得了很多，可是实际上只会让自己更累。人想要的越多，就越会失去心的自由。反之，将得失之心看淡，就能获得很多轻松。

她是一个快乐的画家，她只画快乐的世界，不过，没有人买她的画，她因此会有一点伤感，但只是一会儿。

"玩玩足球彩票吧！"她的朋友们劝她，"只花两元便可赢很多钱！"

于是她花两元钱买了一张彩票，并真的中了奖！

"你瞧！"她的朋友都对她说，"你多幸运啊！现在你还用经常画画吗？"

"为什么不呢？这些钱并非我的！"她自嘲地笑道，朋友百思不得其解。

她买了一幢别墅并对它进行了一番装饰。她很有品位，买了许多好东西：阿富汗地毯、维也纳橱柜、佛罗伦萨小桌、迈森瓷器，还有古老的威尼斯吊灯。

她很满足地坐下来，用细长白皙的手指夹着一根烟来抽，静静地享受她的幸福。突然她感到有些孤单，便想去看看朋友。如同在原来的那个石头做的画室里一样，她把烟往地上一扔，然后就出去了。

燃烧着的香烟躺在地上，躺在华丽的阿富汗地毯上，一个小时以后，别墅变成一片火的海洋，它完全烧没有了。

朋友们很快就知道这个消息了，他们都来安慰她："真是不幸啊！"

"有什么不幸的？"她说。

"损失啊！你现在什么都没有了。"

"什么呀？不过是损失了两元钱而已！"

这个女画家之所以能那么快乐，秘诀就在于那一句"不过损失了两元钱而已"。其实，我们自出生以来，哪些是真正被我们所有，哪些又是我们失去的呢？我们曾得到青春，然后又失去，我们曾得到了爱情，继而又失恋。如果对于生活是这样的思维方式，我们将活得很累。为什么不这样想呢：青春或年老都是生命的自然，青春时自有青春的美好，年老时也自有年老的沉淀。爱情到来，是我们对感情的体验。失恋，又何尝不是一种新体验呢？如果一定要说得失，应该说，我们的生命一直都在体验新的东西，一直都处于"得到"中啊！如果凡事只是看表面，执着而求，当咫尺千里。

所以，亲爱的三十岁女人，有什么好计较的呢？不过是刚刚走到了这里，遇到了这些事，有了这些感受，之后生活会继续，而我们要做的，不是追求其意义，也不是去探索自己在其中所得或所失，只要乐观积极

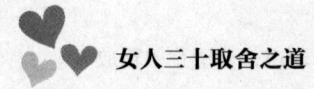
地怀着一颗感恩珍惜的心，便是最好的生活方式！

在"舍"与"得"之间做出选择，考验的是女人在这人世的历练。谁能在得到时仍然能保持那个原原本本简简单单的自我，谁又能在失去时依然坚持努力、坚持快乐，谁就是生活真正的"得到者"。如果你感到无常的悲伤，不如尝试着用一颗乐观的心来对待吧，每一次失去，是一种归还，每一次得到，是一种赐予。这样，才会在得到与失去之间感受到生命的有趣和真谛！

第五章

CHAPTER 5

取信舍疑——
三十岁的女人破译爱情必胜秘诀

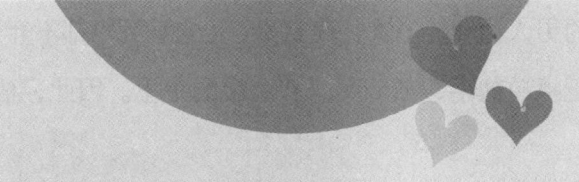

人们常说："婚姻是爱情的坟墓。"于是恋爱中的人们常常对婚姻有着恐惧感，生怕自己一不小心就踏入坟墓里。对于这个观点，著名的励志大师戴尔·卡耐基说："许多做妻子的，实际上是连续不断地一次又一次地在泥地挖掘，完成了一座婚姻的坟墓。"自掘坟墓这种事每个女人都不会愿意做，可事实上却有太多女人在进行着这件令人不可思议的事情。喜欢叨唠、不信任、不恰当的对话方式、违背初衷的处世方式，这都是女人自掘坟墓的表现。怎样让自己的爱情长久、婚姻幸福呢？少一分怀疑，多一分信任。减一分陈旧，添一分新鲜。少一分计较，多一分宽容。三十岁女人应该学会的爱情必胜秘籍就在此。

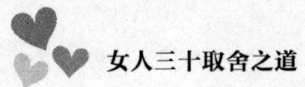

充实自己，爱情会更长久

婚礼的经典之处在于，你在上帝的面前，将信任交付对方。你愿意嫁给你信任的男人为妻，不管贫贱富贵、生老病死，都不弃不离。此时，信任微笑着把孤单的手，放到另一双温暖的手里。因此，信任是婚姻的第一课题。

作为三十岁的女人，还一定要记得，即使结婚了，你也有自己的生活，你的世界不是只有他。充实自己，相信情人，这样生活才不会总是被无端的猜忌占满。爱情只有在彼此信任中才能持久。

女人通常会对一个可以信赖的男人托付终身。男人也一样，他绝对不会娶一个让他疑窦丛生的女人。当我们与自己心爱的男人一起迈入礼堂的那一瞬间，很多女人觉得这就是幸福的开始，因为终于和自己心爱的人走到一起了，却不知这也是真正考验的开始。

作为女人要学会扮演好自己的每一个角色，尤其在爱情里，给对方一份信任。虽然老公应酬时，有时会忘记了回家吃晚饭，你可以担心，但不能猜疑。因为当他应酬回来时，无论多晚，如果总有一盏灯在家里点亮着，总有一杯温热的浓茶等着他，自然而然的他在醉酒时总会想起家里还有个你在等他，慢慢地回来也就早了。反之，无端的猜忌只会让他越来越不想回家。

你的情人有没有对你说过类似这样的话："你能不能不要胡思乱想，我一天工作已经很累了，回来还要受你的拷问，我真的很想休息。"如果有，那么你需要的也许只是让自己更充实。尽管全职太太能够减少你作为女人的不少压力，尽管轻松的家居生活可以让你不再为薪资忧虑发愁，但是这样的你常常容易陷入猜疑和不自信中，慢慢地让感情被生活吞噬。

网络是一个虚拟的平台，在这里形形色色的人都有，而小李和小平偏偏就是在网络中相遇了。起初两人都只是抱着好奇的心里去了解彼此，谁知道慢慢地了解深了，就坠入了爱河，发展为男女朋友关系。

小李是个外省人，因为工作在外地，自然大部分时间在外省市，两人没有更多的见面时间。但是凭着喜欢的那股子冲劲儿，即使两三个月见不上一面，两人的关系也一直维持了下去。只是小平多了分惆怅，因为小李时常不在身边。渐渐地，小平开始抱怨小李，开始和小李探讨以后的问题。随着聊得更深入，他们发现彼此的问题很多，如结婚后定居在哪儿、工作的问题，等等。问题的增多与之带来的当然就是无止境的吵架。一次次的吵架只给小平带来了酸酸的眼泪，她甚至开始猜疑小李是否真的爱自己，如果真的爱自己为什么不能为了自己而放弃一些东西，不顾一切来到自己身边呢？

就在两人关系冷淡、心情焦灼的时候，一个很好的工作机会降临到了小平头上。她擦去眼泪，想着自己怎么也要做好这份工作再说。这一

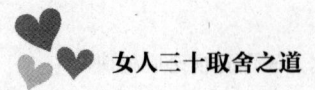

工作不要紧，两人的问题反而慢慢地少了。小平没有更多的时间去想那些问题，与小李讨论更多的也是工作上的人和事，而小李也总是能给她一些有用的建议。渐渐地小李没有了那种压迫感，以前的猜疑在彼此良性的沟通中慢慢地散去，两人比往日显得更甜蜜了。

最终，两人终于结婚了，定居在了小平的家乡，结束了这段异地恋。

女人懂得不断提升自我价值，才会时刻保持自己本能的危机感。作为三十岁的女人，无论你多么漂亮，多么有能力，但是你的生活圈子不是只有老公。作为女人，我们要时刻保持自己本能的危机感，也应该知道什么是婚姻中的重要元素。

美满的婚姻，应该是建立在彼此信任的基础之上。只有得到对方的信任，才会加倍珍爱。聪明的女人，懂得不断提升自我价值，使男人的信任与爱永远不打折扣。夫妻本就是世界上最亲密的人，爱他就应该信任他。男人因为工作关系不断地应酬出差，他们也是迫不得已。作为他的亲密爱人就应该体谅他、理解他。想象一下，当女人们在耳边悄声细语、脸上笑靥如花、心中充满的是似水柔情的牵挂，她身边的情人又怎么可能不愿意回家呢？

反之，就很可怕。男人挣钱养家，不仅有工作压力、生活压力，还有来自家庭的压力。女人总是疑神疑鬼地找麻烦，没有了信任和理解，精神上多了额外的负担，即使是正常应酬也不敢实话实说，结果只会在信任危机中分道扬镳。

叶和斌的恋爱故事是很引人注目的，不仅因为男女主人公都是很优秀的人才，还因为他们一波三折的恋爱故事，可以说他们是真正共患难之后才结合的夫妻。

婚后，最初的日子很甜蜜。事情发生变化是在有一天晚上，斌和几个朋友去喝茶，巧的是，看到叶和几个朋友也在那里喝茶。他们正在打牌喝酒，一个女孩正跳起来要打叶，叶开着玩笑要抓她的手，正看到斌。斌看到这一幕，赌气地转身就走，大家都怔住了。虽然后来斌接受了叶的解释，但所有的猜忌就在那个时刻埋下隐患。她开始检查叶的手机、西装的口袋，甚至网络上的聊天记录。

又一天，她翻看叶的手机，看到叶和那个女孩有通电话的记录。斌立刻用自己的手机监听了他们的手机和电话，并且还发了信息给那个女孩，警告她不要来破坏他们的婚姻。两个人的矛盾拉开了序幕，除了争吵，毫无进展。冷战持续了一段时间后，叶让步了，他对斌说："我们走到一起并不容易，爱我，就相信我吧，好吗？"斌流着泪点点头，两人总算和好了。

婚后两年，他们的女儿出世了。可爱的女儿并没有完全带走斌心里的芥蒂。猜疑的妻子、频繁的电话查岗、偷看手机、不耐烦的争吵，使这个家摇摇欲坠。在叶调到总公司任副总经理后，分公司的经理又恰好是那个女孩子。斌和那个女孩子的交往更多了，之后斌陷入无休止的猜忌之中，更无心思照顾女儿。每次叶回家，面对的就是争吵。斌说："为了我，断绝和那个女孩的联系吧。"但是叶却觉得他们交往光明正大，并没有什么需要避嫌的。最后他终于在一次争吵中脱口而出："我们离婚吧！"斌死活不同意，叶却铁了心要离婚。

最后，两个人在无数惋惜声中离了婚。

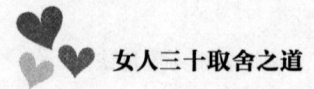
　　叶和斌，不是不相爱，相反是因为太爱，所以在意，以至忘记了爱情的初衷。因此，作为一个三十岁的女人，如果你爱他，就信任他吧，并且学会做一个理智的女人，只有这样你们的感情才会更加牢靠、更加稳固。俗话说，"百年修得同船渡，千年修得共枕眠"。而能够修得两个人共同走入婚姻的殿堂，那又何止是千年的修行。

　　婚姻本是一份美好的事情，只要我们多一份信任，让我们的婚姻到永远，那么，"执子之手，与子偕老"就不再是童话！

　　信任是维护婚姻的一根绳索，现代社会外遇、情人已不是新鲜的词，也正是因为如此才会让女人越来越不安，总是怀疑这样的事情有一天会落到自己身上。其实有没有想过，如果一个男人的品行如此，猜疑和阻止只会逼得他加快脚步。如果对方当你是唯一的依靠，那么你的多疑和不信任会让他伤心失落，最终婚姻也不会幸福。所以，幸福或不幸福，一半掌握在女人的手上，为什么不让自己幸福呢？

学会宽容，爱情才能长久

　　爱是"心有灵犀一点通"的结晶，爱是简单随意的，在漫不经心中水到渠成。但是爱情一旦稳定，怎样才能保持长久，却不是一件简单随意的事。而学会宽容是保持爱情的必要法则。如果爱是水，那么宽容就是盛装爱情的杯子。没有了这只杯子，任何爱情都会很快濒临干涸。

　　有一对夫妻，相约下班后去用餐、然后逛街。可是男人因为公司会议而延误了，当他冒着雨赶到的时候，已经迟到了 30 多分钟，他的妻子已经离开。在电话中，她很不高兴地抱怨："你每次都这样，现在我什么心情也没了，我以后再也不会和你约了！"刹那间，他心里在想，或许，回家后又是一场大吵闹了。

　　同样的在同一个地点，另一对夫妻也面临同样的处境，男人赶到的时候也迟到了半个钟头，他的妻子说："我想你一定忙坏了吧！"接着她为男人拭去脸上的雨水，并且将手挽在了男人的手臂间。此刻，男人感动极了，他想以后尽量不要再约在外面，而是自己去家里接妻子。

　　你体会到其中的区别了吗？其实是幸福还是吵架、埋怨都在一念之间罢了。两个人建立的是一个家庭，那么更多接触的是柴米油盐酱醋茶，不再像恋爱时那样浪漫，两个不同的人要在一起生活了，像老人们常常说的："炒菜做饭，哪有不碰锅碗瓢勺的。"简而言之，在家庭生活中，磕磕碰碰是难免的。因为忙碌迟到或者偶尔忘记了重要的纪念日，是可以理解的事情。如果总是纠着这样的细节不放，就难免让两人都很累。婚姻想要长久那么就需要彼此用自己的真心真情去经营，要像宣誓时说的那样，彼此理解、彼此包容。

　　在爱情里，争吵是很容易发生的，因为爱，所以在乎，只要对方没有像自己想的那样对自己，或者认为自己的爱没有得到回报，马上就可以升级为争吵。

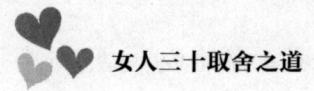

　　如果因为冲动，发生争吵，一定不要僵着不说话，这样隔天问题会更严重。争吵是侵蚀爱情的毒药，而家是两个人相爱才建立起来的，不是判断是非对错的法院。你错或者他错，又有什么重要呢？生活本身就不是一件应该较真的事情，爱情里没有胜利者，吵架只会两败俱伤。反之，如果能及时为对方着想，即使不是自己的错，能诚心地向对方道歉，彼此之间的那份感情会更稳固、更踏实。事实上，在家庭中，谁不愿意自己生活在温馨的环境中呢？

　　有一对夫妇常常为吃苹果的问题发生口角。

　　妻子怕苹果皮沾了农药，吃后会中毒，所以每次都一定要把皮削掉；丈夫则认为果皮有营养，把皮削掉太可惜。由于夫妇俩经常吃苹果，所以就常常吵架。最后，两人竟吵到去找无嗔大师评断是非。

　　无嗔大师对那位妻子说："你先生这么多年来都吃不削皮的苹果，身体还好好的，你担心什么？"

　　无嗔大师又对那位丈夫说："你太太不吃苹果皮，你就嫌她浪费，那你就把她削的皮拿去吃了，这不就没有事了吗？"

　　大师还说："由于家庭环境的不同、成长过程的不同，每个人的生活习惯也会有所不同。因此，不要勉强别人来认同你的习惯，同时，要宽容别人的习惯。"

　　小两口茅塞顿开。化解生活中存在的爱情矛盾，非宽容不可。因为没有人能完全成为另一个人理想中的模样，生活习惯、价值观一定会有一些差别。每当出现分歧的时候，记住首先一定不是埋怨或者责备，而是选择柔软的、让彼此都能接受的方式。与其发生争论，你一句我一句地说狠话，最后不但不能解决问题，反而伤心失落，失去耐性，不如好好坐下来心平气和地说说自己的想法，诚心地一起探讨出一个两人都能接受的方式，如果一次不成功再想其他方式，总之避免争吵和用指责的语气说话。

米拉和杨刚认识已经有三年多的时间了，两个人一直相处得还不错，于是顺理成章地走进婚姻的殿堂，过上了自己幸福滋润的小日子。刚开始的时候生活还比较和谐，但慢慢地两个人都发现了对方的很多毛病。米拉每天起来就习惯坐在大衣柜面前"摆姿势"，一会儿看看这件衣服，一会儿试试那件衣服，然后还要画上一小时的妆，弄得满屋子都是衣服，而且经常因为上妆而导致两人与别人聚会迟到。对于做饭炒菜这样的事情她总是躲得远远的，嘴上还振振有词："这么脏，我可不干。"杨刚呢？回来以后就把衣服袜子到处乱扔，然后慵懒地躺在沙发上看电视，什么也不干。就这样两个人经常为一点鸡毛蒜皮的小事吵架。杨刚抱怨米拉就知道臭美，连累自己迟到，而且经常自己回家连一口热饭热菜都吃不上；米拉怪罪杨刚不讲卫生，把家里弄得到处都是脏兮兮的。就这样时间一长两个人争得谁也不让着谁，都觉得自己有理，感情也越来越不好。

一次两人又吵架了，万般无奈之下，米拉拨通了妈妈的电话诉苦。听了米拉一连串的抱怨，妈妈劝慰她说："孩子，当初我和你爸爸结婚的时候也没少吵架，但慢慢就彼此适应了。你们现在年轻，还是经历得太少，你们要学会彼此宽容和忍耐，既然你已经嫁给了他，就要学会适

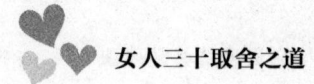

应他，不要总去与他争吵，吵架并不能解决问题，并且时间一长会影响你们之间的感情……"听了妈妈的一番教诲，米拉也耐心地想了好几天。从此米拉开始学着适应杨刚的一些习惯，她开始学会下厨，做几道家常菜，也开始在出门前早早地打扮好。当杨刚再乱扔袜子时，她就用开玩笑的语气说说他，然后帮他收进盆里洗干净。杨刚看到老婆对自己这么好，也自觉地开始发生改变，主动帮助米拉选衣服，也不再把衣服袜子到处扔了。两个人的婚姻生活越来越甜蜜。

夫妻之间要想避免口舌之争真的需要我们拥有很宽宏的气度。这真的是一门很高深的学问，需要我们用自己的一生去学习、去实践。其实真正的爱情，是需要你用嘴巴去沟通、用耳朵去聆听的，而不是用嘴巴吵架、用耳朵去听那些尖锐的话语。夫妻之间的相亲相爱、相濡以沫也是需要用时间去培养、去适应的，有的时候彼此都往后退一步，那么生活一定会营造更加的和睦，更加温馨幸福。

作为一个三十岁的女人，要想拥有幸福的婚姻生活，就一定要学会将谁对谁错的观念统统抛开，用微笑和宽容去接纳对方，理解对方，你就一定能够发现，原来生活还是很美好的，自己的爱人也并不是完全一无是处，整个婚姻也会在彼此改变中变得更加温馨，更有味道。

每一对夫妻之间在最初都会出现各种各样的小矛盾、小争执，大多数女人都想努力解决这些矛盾，但是却在不经意间反而将矛盾上升成彼此的反感和厌倦。其实，面对矛盾，我们需要的是一颗宽容的心，用宽容来接纳那些并不重要的小问题，将自己的真情和真爱融入自己的婚姻生活中，才能走入天长地久的婚姻。

女人三十用温柔来征服男人

"男人征服女人靠的是气度，女人征服男人靠的是温柔"。古往今来，多少英雄豪杰败在了温柔女人的石榴裙下，可见"温柔"的魔力。"温柔"并不是简单的两个字，它和关心、同情、体贴、宽容、细语柔声紧紧联系在一起。温柔有一种无形的力量，能把一切愤怒、误解、仇恨、冤屈、报复融化掉。在温柔面前，那些吵闹吼叫、斤斤计较、强词夺理、得理不饶的人，都会自动闪开。作为三十岁的女人，怎么能不具备"温柔"这个撒手锏呢？

英国著名作家哈代也曾经在自己的著作中这样写道："在新西兰某个墓地上，有一个陈旧的墓碑上写着这样一行字'她是如此温柔可爱'。"戴尔·卡耐基的妻子桃乐丝看到这段文字时，发出了由衷的感慨："我实在想不出世界上还有什么比这碑文更能让我感动、让我发自内心地想要拥有这样一块碑文了。"

循着这块碑文上的文字，我们似乎可以看到这样的一个场景：一个脸上洋溢着幸福的男子走在回家的路上，在家门口迎接他的是一个女人温柔的笑容，他们在门口拥抱了一下，走进温馨的家里。他看着她的妻子在屋里忙碌着准备晚餐，而他也换上了便服，围绕在妻子身边。这是一幅多么温暖的画面。

女人为什么要温柔？相传在希腊神话中，智慧女神雅典娜要送给女人一种高级的智慧——是一种足以让男人对女人一见钟情、忠贞不渝的魅力。这种高级的智慧和魅力，就是我们现在所知道的"温柔"。温柔

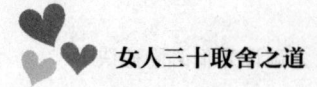

是一块磁石，只要男人进入它的磁场之内，他就不知不觉被它吸引，想躲也躲不开，因为温柔会像一只纤纤细手，很容易就能知道男人内心的冷暖，能恰到好处地抚慰受伤疲惫的内心。而很多男人外表看起来坚强，但是有时候也会脆弱无比。他们总是需要有一个人，能让他们卸下一切的伪装，得到安慰与鼓励。

张林一年前和结婚十年的妻子离婚了，现在又娶了一位太太，当时朋友们都不理解张林为什么选择离婚。两个人郎才女貌，结婚又那么长时间了，还有两个活泼可爱的孩子，怎么说离就离了？张林叙述了发生在自己和前妻以及和现在妻子身上的事情，朋友们马上明白了问题出在哪里。

有一天，张林刚要下班的时候，接到前妻的电话，前妻让他回来的时候顺便买一瓶李锦记的酱油。张林匆匆到超市买了一瓶酱油回来。结果前妻接过酱油，眉头蹙着，很失望地说："不是让你买李锦记的酱油吗？这个牌子的酱油根本没法吃。你怎么这么不认真？"在前妻噼里啪啦的攻击下，张林不得不再去买一瓶酱油回来。

类似这样的事情经常发生，妻子阴晴不定的坏脾气给了张林太多折磨和痛苦，经常沟通，但是仍然改不了她的脾气，最后他毅然决定和这个女人离婚，因为实在受不了了。

张林现在的妻子只是一个平凡的小学教师，但是张林感觉自己非常幸福，他向往这种平和的生活。前几天，妻子让张林去买某个牌子的鸡精。当张林买完鸡精回家时，才想起来妻子是让自己买另外一个牌子的鸡精。张林小心翼翼地对妻子说："我好像把鸡精买错了，回到家的时候才想起来你让我买别的牌子。要不我去换一下？"没想到妻子温柔地一笑："没有关系，这个牌子的鸡精也不错。再说是老公买回来的，做出来的菜肯定很好吃。"张林心里一热，果然他这次的选择没有错，如此体贴温柔的妻子才是自己真正想要的。

每一个女人当然都希望自己的男人能将自己当做朋友、知己、爱人，甚至女儿一样来疼惜，也只有温柔的女人才可以做到。因为男人臣服于女人也是因为爱她，但女人的坏脾气经常会让男人无法忍受，最终反而是害了自己一生。

在男人的心中，家里永远需要一个温柔体贴、能带来幸福感的女人，而不是一个雷厉风行、发号施令的女强人，更不是一个颐指气使、不讲道理、不懂体贴的女人。张林的前妻恰恰犯的就是这个错误，不但不会体贴张林的辛苦，还用埋怨来回报张林。而温柔的女人，如张林现在的妻子，具有一颗宽容的心，她不会斤斤计较，不会吹毛求疵，她信任和关爱着男人，不会要求他做得太完美，只要他用心了，她就会满足。

其实温柔对于女人来说，并不难，不用刻意去学习，当你能够以宽容体贴之心对待丈夫的时候，当你能无怨无悔地给予自己的爱人安慰时，自然而然流露出的感情，就是温柔之情。

温柔之情总是会体现在细节中，你会做他喜欢吃的菜，你会把他喜欢看的杂志放在明显的地方，你可以轻易帮助他找到他忘记放在哪里的东西。在他工作忙碌的时候，为他递上一杯茶；在他出门的时候，为他整理一下衣服；在节假日的时候给双方的父母打电话。这些细节都默默体现出你是多么爱他，胜过千言万语。

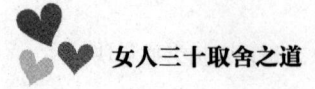

女人三十，就让温柔成为你的武器吧，让它飘到你所爱的人的身旁，将他包裹、熏醉，让他感受到一种归属，感受到你的爱和诗意，那么，爱情自然而然就牢牢地在你身边。

温柔的女人最令男人动心。诗人徐志摩的诗歌里也写着："最是那一低头的温柔……"做一个温柔的女人，不是软弱得禁不起一点风雨。她可能看起来弱不禁风，但是却能在磨难中给予自己的爱人无尽的体贴，在烦恼中给予爱人安慰和鼓励，在生活的误会中给予宽容和理解。试问，这样的女人，能不幸福吗？生活在这种女人身边，哪个男人不会好好珍惜呢？

关心多一点，婚姻才会长久

感情真的就像风，当它来的时候，犹如春风拂面，温暖宜人；但是如果它决意离开，也可能不带一丝痕迹。要想让幸福甜蜜的情感长长久久，就要懂得好好去珍惜和呵护它。三十岁的女人要想拴住男人的心，关心是必不可少的。试想一下，当整个城市都安静地开始沉睡时，你的男人还在为了家而伏案加班，这时候的你递上一杯热茶，几句贴心的问候，在身边陪着他，会让他在深夜中感受到一份归属和温暖。你们爱的种子，经过了精心灌溉，也必定长成参天大树！

　　结了婚的女人，十个有九个抱怨过，说对方结婚之后就不像恋爱的时候那样在乎自己了。说恋爱的时候会记得他们在一起的每个小细节，会时常有小礼物且很甜蜜，但是现在回家了连个拥抱都没有，更别提能给你带来小惊喜，或者说什么甜蜜的话了。

　　于是女人们心里就会胡思乱想对方是不是不爱自己了，或者追问这是为什么，有时还会以分手或离婚作为自己的砝码。其实，这都是女人们的思维方式在作怪。当女人们都为了这个同样的问题纠结烦恼时，有多少女人想过，对方情绪上的疲倦，是因为其他事情，而作为妻子的你，是不是应该安抚和鼓励一下他？有多少女人在丈夫不开心的时候，为了逗他开心而认真付出过？

　　无论你的自尊心有多强，你都得承认，在大多数情况下，男人才是家庭的顶梁柱，他们整日在外奔波，他们需要你的爱，更需要你的理解、体贴和关爱。没有哪个男人愿意在外边劳累了一天，回家还要面对一个只会提问题和发脾气的妻子。如果他们最想要的安慰和体贴没有从你身上得到，女人们又怎能怪他们对你不如从前呢？

　　男人有时候和女人一样是脆弱的，特别是当他们有了工作上的麻烦时，他们也需要倾诉，而他们能想到的第一个倾诉的人，肯定是他们最爱的、最信任的人。但是有很多的女人，很不喜欢听男人回家抱怨他们的工作。她们会认为男人处理不好自己的事业，回来还要跟她们抱怨，是很没有能力的表埚，甚至觉得是他们的抱怨让家庭的温暖消失。

　　其实这是大错特错的想法，要知道，男人是很辛苦的，因为他们不像女人，心情不好时可以流泪，可以发泄，可以找闺蜜，可以逛街。当他们事业不如意时，他们不能跟朋友说，因为会没有面子；他也不能跟

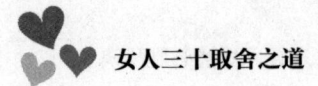

父母说，因为不想让老人担心；他们只能在你面前，表现出最柔弱的一面，卸下武装，表现得像个需要照顾的孩子。

女人都希望自己的丈夫是超人，什么都能做好。事实上，没有一个男人是超人。很多男人，包括银幕上出现的那些在别的女人眼中看来既有能力又有钱的男人，也都需要妻子的关爱。很多名人的访谈录中谈起他们的妻子时，都说能被太太管是件幸福的事，平时工作上有了不顺心，都会回家和妻子倾诉，而他们的妻子则会耐心地听他们说，他们觉得那种感觉真好，很放松，不必故作坚强，能完全脱离银幕上那种表情的需要。

著名的电影导演李安在一次颁奖仪式后，面对无一进账的情况，对着镜头笑意盈盈地说："我现在最想的，就是赶快回家，让太太骂一顿。"像他这样一呼百应的大导演，居然能当众说出这样的话语来，似乎一定会被人嘲笑。但是当他说出口后，大众的反应反而是很尊敬他。因为大家都明白，一个工作上受了挫、情绪上受了伤的男人，如果在失意的时候，第一时间想到的是回家，想着家里那个温柔可人关心他的妻子，想着家里为他做的饭菜、为他点亮的灯，多么温馨！所以得奖不得奖已经不重要了。

因此，当你的男人在工作上遇到了麻烦，或是受了委屈，能回来跟你抱怨，向你倾诉，你更应该高兴！因为那是他信任你的表现，希望你给予他安慰和鼓励，他会因此更加充满动力去拼搏。当你的手轻抚他的头发，对他说："没事，一切都会好起来的。"那时，他会觉得自己是无比幸福的。倘若你觉得他这是不成熟的表现，那么又怎么能怪他去寻找别人的安慰呢？

　　文方是一位作家，虽然经常在报纸刊物上发表一些文章，却影响不大。可是在家庭生活中，他却感觉到了前所未有的幸福温馨。有一段时间，连文方自己都不知道什么原因，沉默寡言的他总是能收到亲戚朋友的礼物，他十分得意，年轻漂亮的妻子则显得有些忌妒。

　　情人节到了，令文方做梦也想不到的是，他竟然收到了一束娇艳的玫瑰。而且，玫瑰还是花店的员工亲自送到的，绝不存在送错的可能。满面狐疑的文方，发现花束中还有一张卡片，写满了滚烫的情话。面对妻子充满问号的眼睛，文方无奈地说："我也不知道是怎么回事，我是跳到黄河也洗不清了。"不料妻子却笑了："呵，想不到，我的老公还有人牵着挂着，看来我们家的秀才魅力不减，当初我真的没有挑花了眼。"文方暗暗感激妻子，也暗暗感谢送他鲜花的不知姓名的姑娘，是她使自己又感到了被关爱的温暖。

　　怪事接连发生，文方的一位校友兼文友，不知道为了什么，突然送给文方一套名贵的西装，文方坚决不收，朋友却扔下就走，还说："我也是受人所托，你不要，我怎么给你处理？"倒是妻子想得开，说："不是偷来的，也不是抢来的，你就穿上又能怎么样。"转眼半年过去了，文方接到了那位朋友的电话："文方，那套西服怎么样啊？"文方回答说自己根本没有穿过，朋友沉吟了一会儿，说："好吧，我告诉你，那套衣服是嫂子买的，她不让我告诉你，她说你收到一个陌生人的祝福一定会很开心。衣服虽然很贵重，但嫂子的心更贵重，它是金子做的。"一

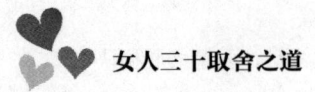

双胳臂伸了过来，从后面轻轻地搂住文方的腰，文方抚摩着妻子的纤纤素手，热泪滴落下来。

面对这么聪明、这么懂得体贴人的老婆，哪个男人能视而不见、无动于衷？不要因为已经是老夫老妻，就觉得表示出对对方的关心是多余的；不要因为工作忙，就忽略了给予对方关心；更不能因为生活压力大，就无心去对对方表示关心。相互的关爱、彼此的关心是夫妻间的健康维生素，是夫妻生活的调节剂，是让两颗心紧紧粘在一起的最永恒的黏合剂。一个受到鼓励的男人，他的激情和力量都会表现得非同凡响。所以说一个优异的男人，在他背后往往都有一个让他时刻心花怒放的女人，因为不管他今天是不是有烦恼，他都不必担心，他会盼望着回家，因为有一个妻子会等着他给他鼓励和温暖。而那些在工作中表现平庸的男人，他的妻子或者女友一定是经常板着脸指责他的。

所以，当他回到家时，主动地多关心他吧，或者安静地、仔细地、认真地听他说吧。去表达你的关心，去回应他的抱怨，告诉他，一切都会好起来的。然后，你会发现，你的婚姻这么幸福，一切你原来想听到的甜蜜话语现在又能听到了！

一句"老公，累坏了吧，快来歇歇"，一桌点着蜡烛的饭菜，一件温暖而干净的衬衣，这些都是轻轻松松就能办好的事情。但是因为简单，很多女人反而不愿意去做。其实，恰恰是这种简单的细节能让丈夫体会到你的关心和细心。无论你们的婚姻走了多久，只有关心才是开启对方心门的唯一钥匙，将关心对方当作你爱他的表现，而不是抱怨，你会发现生活总会时不时地充满温馨。

婚姻要时常保持新鲜感

食物需要保鲜，因为它们关乎我们的肠胃，关乎我们的健康。感情也同样需要保鲜，因为关乎我们的心灵，关乎我们的幸福快乐。婚姻中出现的问题绝不单单是一方的原因，同样维持美好的婚姻也需要两个人一起努力。作为女人，要时不时地为婚姻中注入一些新鲜的元素，让平平淡淡的日子偶尔有些小惊喜、小浪漫，生活自然会开始打破原来的局面，呈现新的色彩！

两个人经过风风雨雨走到一起，距离近了，爱情却远了。每天摆在面前的是柴米油盐的琐事，还有洗衣做饭的纷争，于是恋爱时的那种感觉被平淡的生活磨得荡然无存。其实很多失败的婚姻，并不是因为彼此变心了，而是在婚姻里找不到两个人的身影。因此，社会上有一些形容婚姻生活的名词"三年之痒""七年之痒"等。

保鲜，这个名词人们常常提到。再小、再寻常的食物都有保质期，人们都知道这个道理，因此发明了"冰箱"。但是，很多人却不知道爱情也有保质期，也需要防腐措施、密封措施以及储存环境。爱情的保险就是时不时在陈旧的爱情中添加一些令感情新鲜的防腐剂，让刚恋爱时那种炽热的感觉保持。

科学家研究发现，爱情就是人脑产生大量多巴胺的结果。当多巴胺产生时，不断刺激着我们的神经，让我们总有一种心跳过速的感觉，人就有了爱情的感觉。但我们的身体是无法一直承受这种刺激的，所以大脑就会发出指令，让多巴胺在自己的控制下自然地进行新陈代谢。这样

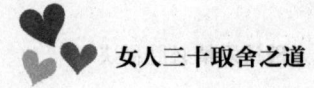

一个过程，大约需要3年时间，随着多巴胺的减少和消失，恋爱时的那份激情就会褪去。

为感情保鲜，当然我们不可能给自己注射多巴胺。怎样通过恰当的方式让自己的感情保鲜呢？

下文是一个男人的心路历程，以一个男性的视角来看爱情如何保鲜，或许更有意义。

与妻结婚的时候，我是将她抱过来的。婚后的日子就像是流水一样过去，要孩子，下海，经商，婚姻中的熟视无睹渐渐出现在我们之间。钱一点点地往上涨，但感情却一点点地平下去，我有了另一个让我心动的女人，我想跟妻子说离婚，但是我不知道如何对妻子开口，因为妻子没有对不起我的地方，她依旧忙忙碌碌地在厨房里准备晚上的饭菜。

我试着对妻说："如果我们离婚，你说会怎样？"妻白了我一眼，没有说话，也没有表现出那种很特别的情绪。或许她以为我是开玩笑。过了几天，我将起草的协议给妻看，里面写明了将房子、车子，还有公司的30%股权分给她。当协议书放在妻面前时，她终于在我面前放声大哭。

她说，她什么也不要我的，只是在离婚之前，要我答应她一个条件。妻的条件简单，便是再给她一个月的时间，因为再过一个月，孩子就过完暑假了，她不想让孩子看到父母分开的场面，而且，在这一个月里还要像以前那样生活，并且每天上班，我都要将她抱出去，从卧室，到大门，就像她嫁给我时那样。我说："好。"我想妻是在以这种形式来告别自己的婚姻，或是还有对过去眷恋的缘故。

一个月为限，第一天，我们的动作都很呆板。因为我们已经有很久没有这么亲密接触过了，每天都像路人一样。儿子从身后拍着小手说，爸爸搂妈妈了，爸爸搂妈妈了，叫得我有些心酸。从卧室经客厅，出房门，到大门，十几米的路程，妻在我的怀抱里，轻轻地闭着眼睛，对我说："我们就从今天开始吧，别让孩子知道。"我点头，刚刚落下去的心酸再一次地浮上来。我将妻放在大门外，她去等公交，我去开车上班。

第二天，我和妻的动作都随意了许多，她轻巧地靠在我的身上，我嗅到她清新的衣香。妻确实是老了，我已有多少日子没有这么近地看过她了，光润的皮肤上有了细细的皱纹。我怎么没发现过妻有皱纹了呢，还是自己已是多久没有注意到自己这个熟悉到骨头里的女人了呢。

第三天，妻附在我的耳边对我说，院子里的花池拆了，要小心些，别跌倒了。

第四天，在卧室里抱起妻的时候，我有种错觉，我们依旧是十分亲密的爱人，她依旧是我的宝贝，我正在用心去抱她，而所有关于其他女人的想象，都变得若有若无起来。

第五天第六天，妻每次都会在我耳边说一些小细节，衣服熨好了挂在哪里，做饭时要小心不要让油溅着。我点着头，心里的那种错觉也越来越强烈起来。

最后一天，我抱起妻的时候，怔在那里不走。儿子上学去了，妻也怔怔地看着我说："其实，真想让你这样抱到老的。"

我紧紧地抱了妻，对她说："其实，我们都没有意识到，生活中就是少了这种抱你出门的亲密。"

后来，我打电话给那个曾经心动的女人，我对她说："对不起，我不离婚了，或许我和她以前，只是因为生活的平淡教会了我们熟视无睹，

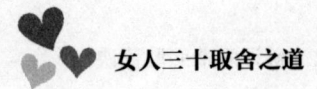

而并不是没有感情，我今天才明白。我将她抱进了家门，她给我生儿育女，就要将她抱到老。"

故事中的女人和男人，其实相比那熟视无睹的婚姻，他们俩在最后一个月做的就只是一个动作，一个他抱起她的动作，但是就是这个动作，挽回了变心的男人。因为这个简单的动作，在那短短的几十秒钟，两人紧紧相拥，两人都只属于彼此，让家里充满了一种爱的温馨感，虽然只有几十秒钟，但足够了。

爱情保鲜，道理很简单，那些看似不起眼的小事，一句听起来再简单不过的话往往有决定性的作用。心理学家认为，配偶之间每天至少得向对方说三句以上充满感情的情话，如"我爱你""我喜欢你的某某优点"，永远用赞赏的态度去看待对方。如果一个男人每天都对自己的妻子说："亲爱的你好美。"那么那个幸福的女人也一定会一天一天变得更美更动人。

因此，与其在爱情的问题里面挣扎、指责、争吵，真的还不如就加一些爱情的保鲜剂。既简单又有效，亲爱的三十岁女人，怎么能不学会呢？

夫妻之间，迈进婚姻，是幸福更是一生缘分。有些女人认为迈进了婚姻就能得到永远的爱与呵护，却不知这只是开始。就从现在开始给自己的人生加入一些新鲜元素吧。人生平平淡淡才是真。每天一声关心的问候必不可少，因为可以让对方感觉到家的温暖。有不同意见时一点小小的谦让会让对方感到莫大的舒心，当对方感到疲倦时一句鼓励的话语会让对方感觉到爱的力量，当要拿主意时一席真诚的话语会让对方感到无比的尊重。同在一个屋檐下，这种亲密无间的感觉是无人能够取代的，只要你有婚姻生活保鲜的意识，爱一定能长在。

第六章

取悦舍困——
幸福好心态的必取之道

人们说女人是一道风景。或是一幅朦胧温婉的江南水墨画，或是一幅色彩明快的海岸画，或是一幅大气宽广的草原风光，也可能是一幅阴郁哀伤的烟雨图。当你成为别人眼里的风景时，带给别人的是愉悦、是温馨、是哀愁、是伤感就完全由你把握了。人生的路上难免有挫折、有困境，但是作为三十岁的女人要学会放松自己，从阴霾心情的困局中跳出来，让自己心情愉悦，那么生活的一切也自然会向着更好的方向发展！

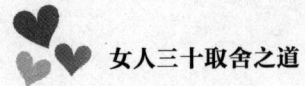

把乐观存心里，让快乐常伴左右

到了三十岁，我们如果还在忙着赚钱，忙着挥霍，那是一种太过麻木的生活。因为我们的一生再怎么吃怎么用都很有限，但是心情却能左右我们每时每刻，所以我们要关注的不再是物价，而是我们的心灵。但即使我们希望生活能够健康、快乐，但是真不容易，每个人都有一本难念的经，可如果我们努力让心灵能处于一种上升状态，谁又能打倒我们呢？

司汤达在《红与黑》里写道："世间有许多漂亮的女人，心中的忧虑过多，年龄未老，而美貌已经消逝了。"为什么会这样呢？因为忧虑和郁闷等是色衰人老的催化剂！不仅如此，忧郁和烦恼还会是幸福生活的杀手。

我们为什么不快乐？回忆少年的时候，父母给自己几块钱的额外零用钱，我们就很快乐了。求学的时候，考个80分，保住了前十名，就很满足。大学毕业求职的时候，只要薪水还算合适，上司能体谅自己的劳累，那么就算总是加班也是充实快乐的。恋爱的时候，对方哪怕只是在过马路的时候牵着你的手，都会觉得快乐而幸福。那是从什么时候开始，我们的心感受快乐的能力在逐渐减弱呢？

有些女人说："我不快乐，因为我没住梦想中的房子，出门也没有车可以代步，更没有一个体贴的爱人。"可是女人，即使你现在一无所有，但是你还有健康，还有一份对幸福的期盼之心，还有追求的动力，何况那些住着豪宅开着香车的女人，不一定每个人都比现在的你要快乐。

有女人对我说："我今天不高兴，因为总是有做不完的事，并且还必须做完，所以心情低落。"可亲爱的朋友，如果这些事是你必须去做的，何不怀着快乐的心情去做呢？因为即便你痛苦无比，事情也不会自动消失。

有些女人说："我很烦恼，因为生活总是充满了各种不和谐，吵架，甚至打架，人生简直就是毫无幸福可言。"可是亲爱的，即使我们经历过无常的世事，感受过了人间冷暖，在某个时刻觉得一切都失去了美感，可是幸福仍然存在，只看你是否愿意改变。

小琴夫妇刚刚结婚半年多，却为一些小事吵得不可开交。他们都是受过高等教育的知识分子，平时温文尔雅，可在家里吵起架来却是另一副面孔，为什么呢？原来是为了争夺家庭中的"领导权"！丈夫以前自由自在惯了，东西随手乱放，不太注意小节，小琴就不能容忍，一定要改造他。等丈夫一回来，小琴就盯着他，一会儿嫌他碗没洗干净，一会儿嫌他乱扔袜子，变得越来越爱唠叨。

在一次搬家时，小琴还偶然发现了丈夫过去的一本日记，了解

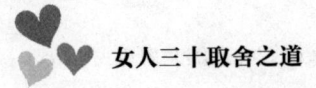

到丈夫以前和恋人之间的一些事情，从此，她就天天审问丈夫这是怎么回事，而且她自己还把日记反复看了多遍，熟记在心，走到哪里，都会回想起丈夫过去是否和别人来过这里，做了什么，等等。这令她非常痛苦，整夜整夜地睡不着觉，白天也无心工作。小琴的丈夫也痛苦万分。丈夫觉得家原本是放松的地方，结果搞得比在单位还紧张，于是越来越不爱回家。而妻子的抱怨也就越来越多，形成了恶性循环。

小琴为什么不快乐？这是一件太简单的事情，只不过在于自己的好强和猜疑。如果她能宽容一些，能变得豁达一些，又怎么会让婚姻变成恶性的循环呢？当一件让你痛苦万分的事情发生的时候，与其去争吵、去埋怨，不如反思问题到底出在哪里。一个巴掌总是拍不响的，如果你愿意改变，那么也一定能改变全局。

生活是你自己的，如果你选择这样麻木地生活下去，那么你的快乐、自由自然离你很远，并且世界上没有任何一个人可以代替你去感受快乐。快乐也不会自己找上门来，除非你找到快乐的门，去打开它，拥抱它，让它常伴在你左右。

佛罗里达州的伊文是一位大学教授和一个孩子的母亲。她发现自己不快乐，主要是源于时间不够，为此，她反思自己生活中最重要的事情究竟是什么，最后，她找到了答案，即当好教师和当好妈妈。确立了这个原则，对于事情她采取了能做就做、不能做就放弃的方法。

当她面对朋友的质疑时，她这样解释道："当我必须在打扫房间还是陪孩子玩一会儿中选择时，我会毫不犹豫地选择后者。当然我非常爱干净，并希望有个整洁的居家环境，但我把这事推到后面去做。"另外，她还有个不变的时间段，即从每天早晨孩子上学以后，到开车外出上班前的半小时，她总会给自己冲杯咖啡，安静地坐在椅子上把今天该做的和不得不放弃的各种事情清理一下，根据自己的能力和意愿来决定怎样安排工作和生活，这样就能把握人生。而能掌握自己命运的人当然是快乐的人。

　　快乐是形容词，但是关于快乐的种种细节，却关乎人的心理状态、言行举止。快乐是从不设防的东西，只要你想拥有，任何时候都可以拥有。粗茶淡饭和燕窝鱼翅之间，只是口感和价格的不同，但是快乐的分量不会变，全来自如何去感受。

　　一个心态好的人，会清醒地面对自己的问题，也会懂得如何去解决，我们有时不得不感谢曾经的坎坷，感谢那个过程让我们奋发向上。当我们痛苦伤心时，生命在告诉我们，是学习的时间了。这时我们就要让脑袋清醒，让心灵明白，是应对的时候了。

　　所以，放开你的心怀吧！珍惜当下的每一个快乐，去忽略那些无法改变的。如果烦恼来了，先从改变自己开始。当你不开心的时候，想想这样的负面情绪有用吗？能解决一切烦恼吗？如果改变一下自己又会是什么情况？要怎么才能获得自己的快乐？

　　所以，三十岁的女人，赶紧换个活法吧，如果你渴望健康和美丽，如果你珍惜生命中每一段即将逝去的时光，如果你愿为这个世界增添一份晴朗之色，那么，做个快乐的女人吧。作为女人很多东西我们没有权

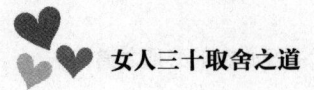

利选择，但快乐可以自己选择，与其沉湎于烦恼中，不如听听音乐、喝喝茶，爱自己。是的，拥有快乐的心境，即使喂马劈柴、面朝大海，也一样会春暖花开。

快乐是一种对人生的态度，要做聪明快乐的女人，凡事都不要去苛求完美，敞开心扉，用心去感受这个世界，宽容别人，也善待自己，多珍惜你所拥有的，不要总去苛求自己，将是非付之一笑，每天开心地工作、生活，给周围的人最灿烂的笑容、最甜美的声音、最真诚的祝福。只有这样才能活出一份自我、活出一份好心情。

放松心情，跟压力挥手告别

随着年龄的增长，烦恼也是与日俱增。人生就是这样，年龄一年一年地增加着，压力也在一天一天地增加着。慢慢地，到了三十岁的时候，女人多多少少都会为一些事情而忧虑，其实细细想来谁没有忧虑呢？但是只要我们放轻松，愿意释放心中的压力，那么怎么会有那么多的烦恼呢？与压力挥手告别，快乐也会随之降临的。

人这辈子，总是会遇到这样那样的压力，虽然有些压力可以成为我们前进的动力，但有些如果不能得到良好的排解，很有可能会成为我们内心的重负。尤其是女人，天生就是多愁善感的群体，很多时候很小的事情都能让她们紧张不已、失眠，并且充满了忧郁。其实女人更应该学会放松自己，简单生活。

简单生活有两个方面的含义。一个是我们可以利用简单的工具，完成我们的工作。另一个就是我们的生活态度可以简单一些，可以单纯一些，主要是对物质的要求简单一些，把更好的心情和体验留给大自然，留给自己的心性和自己真正想要的生活。

秋天到了，寺庙里的一个小和尚负责清扫落下的树叶。在冷冷的早晨起床扫落叶实在是一件苦差事，尤其是寺庙中的树有许多，每天早晨起来要用好长时间才能打扫完。为此，小和尚头痛不已，他想找一个好的办法来减轻这项工作。一个老和尚从旁边走过，小和尚对老和尚说了自己的烦恼，老和尚说："你在明天打扫落叶之前先使劲摇晃树，把树叶统统摇晃下来，这样的话，后天你就不用打扫了。"

小和尚觉得老和尚的话很有道理。于是，第二天早上，他用力摇晃院中所有的树。他想，这样摇晃就可以把今天和明天的落叶一次都打扫干净了，明天也就不用再早起来扫落叶了。整整一天，小和尚心里美滋滋的。第二天早上，小和尚起来到院中一看又是满地落叶，不禁傻眼了。

这时，老和尚走过来，看着发愣的小和尚说："傻孩子，无论你今天怎么用力，明天的落叶依然会飘下来啊。"

树叶每天都会落下的，是扫不完的。如果小和尚因为这个烦恼，那不是显得有些可笑吗？可是我们很多人就是和小和尚一样的心态。

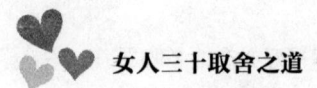

其实只要把今天的落叶清扫干净，没有积压，明天的劳动自然也会轻松的。能够承受一定的压力是很有必要的，就像院子每天都需要打扫落叶一样，这样不仅可以活动筋骨、锻炼人的意志，也可以修养身心，使人在人生的旅途中经受住风浪的考验。

但是如果想一次清扫干净，那是不可能的。除了累得自己半死，不会有任何收获。如果不愿意去打扫，更只会弄得满院落叶积压，不识原来面目，院子也不再是正常的院落。因此，适时释放自己的压力，调整自身的内在情绪，让自己能够用宽松平常的心态去面对身边的人或事，才能让自己拥有一个健康的身心和愉快的情绪。

简·莫尼克是康涅狄克州一家公司的市场部顾问。她对待压力的观点是：由生活、工作所产生的心理压力是不可避免的现代病之一，对待的方法不应是回避而是正确处理。她常说主动、正确地去处理各种问题、困难，你得到的回报是快乐和自信；相反，被动、应付的做法则使你疲惫不堪。

她的有力武器有两件：第一件是周密的工作计划，无论你选用计算机或铅笔和纸来做都无关紧要，重要的是用制订计划的方法来保持清醒的头脑，明确先做什么后做什么。哪些是最重要的和哪些是次重要的……

"那么，每天面对一份如此详尽的工作计划，你不觉得累吗？"拉斯金博士不由得问道。

"噢，不！一点也不！"伴随着轻松的笑声，简亮出了她的第二件"武器"：那就是灵活性。"我的计划本身就具有相当的灵活性，我不仅计划'要做什么'，也计划'可以不做什么。'"简不无幽默地说，"比如陪孩子看场足球赛，每月与丈夫出外共进一顿浪漫的晚餐，这些都没写进我的计划里，却是非做不可的，别的事则可以量力而行。

记住，'非做不可的事情'不能太多。"我们很多人从小就受到激励，要做这种工作非常努力、承担重担的"社会精英"，但没有人告诉我们要释放压力，要提高自己的内在情绪。能够向人坦言"我觉得很有压力，我需要释放压力"，显得这并不是一件丢脸的事情。承认自己的压力，在压力引发危机之前，要去面对它。

压力的累积就像滚雪球下山，当雪球还很小，速度也较慢时，是较容易控制的；等它越滚越大、越滚越快时再想让它停下来，即便不是不可能，也是相当困难了。当你觉得大脑运转不过来，时间总不够用，对工作和学习感到厌烦，难以应付时……你的"雪球"就在"减速"了。这时候你就应该提醒自己，哦，是该休息的时候了。

因此，身为女人，在人生中，无论是对待工作、事业，还是对待自己、他人，我们不妨做一个适度的"偷懒人"，面对一大堆杂乱无章的事情时，不如先松开你思想上那根紧绷的弦，做做深呼吸，或许干脆走出房间到林荫道上散散步，等精神恢复的时候，再回到你的书桌前，想象自己刚刚充满了点，现在正是释放能量的时候到了，于是工作起来一定神采飞扬，效率倍增！

三十岁的女人，要学会放松心情，学会给自己放假，让自己去释放心中的压力，时刻保持好一颗从容淡定的心，乐观地面对人生的一切。每个女人释放压力的方式都不同，有的选择听音乐，有的选择向朋友倾

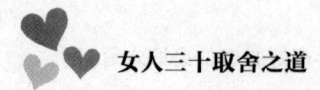

诉，有的选择健身流汗，不管怎么样，找到适合自己的减压方式很重要，只有学会了减压，女人才会越活越年轻，生活才会越来越快乐。

一个人的快乐，贵在知足

每个女人都渴望幸福，可是每一个女人对幸福的定义不同，有人认为得到对方真诚的关心就是幸福，有人认为一张刷不完的信用卡是幸福，有人认为在心灵疲惫时对方给予鼓励支持是幸福，有人认为在人生旅途遇到志同道合的人一起生活是幸福，有人认为与人分享快乐和悲伤是一种幸福……但是最幸福的一定是这样一种女人：她们的心常常看着自己已经获得的，而不去妄想那些还没拥有的。她们从容淡定，她们快乐着感恩。她们被称为知足的女人。

知足的女人一定是最幸福的。如果你总是埋怨生活环境不好，就想想"知足"二字吧，一个懂得知足的女人会胸怀坦荡、乐观积极，能用快乐的心态看待身边的人和事，能微笑着面对每一天。

如果你总是为身边的"小人"而烦恼，那么就想想"知足"二字吧。一个懂得知足的女人就会宽容大度，就会心平气和，就能容纳别人比自己优秀，就能以感恩之心面对每一个人。

如果你总是为了自己不够完美、家庭不够富足而烦恼，就想想"知足"二字吧。一个懂得知足的女人会善待别人，更懂得善待自己，她会以自信从容的气质去装点生活，更懂得与男人共同努力，为现有的生活增添一份共进退的浪漫。

有一对清贫的夫妇，一天男人牵着一匹马去赶集，他先用马与人换得一头母牛，又用母牛去换了一只羊，再用羊换来一只肥鹅，又用鹅换了一只母鸡，最后用母鸡换了别人的一大袋烂苹果。当他扛着一大袋子烂苹果来到一家小酒店歇息时，遇上两个英国人，闲聊中他谈了自己的经历，两个英国人听得哈哈大笑，说他回去准得挨老婆一顿揍。男人坚称绝对不会，说妻子一定会高兴万分。英国人就用一袋金币打赌，如果他回家不仅未受老伴任何责罚，妻子还很高兴的话，金币就输给他了，三人于是一起来到男人家中。

妻子见丈夫回来了，非常高兴，又是给他拧毛巾擦脸又是端水解渴，听丈夫讲赶集的经过。男人毫不隐瞒，全过程一一道来。每听丈夫讲到用一种东西换另一种东西，女人十分激动地予以肯定。"哦，我们有牛奶了！""羊奶也同样好喝！""哦，鹅，鹅毛多漂亮！""哦，我们有鸡蛋吃了！"诸如此类。最后听到男子背回一袋已开始腐烂的苹果时，她同样不愠不恼，大声说："我们今晚就可以吃到苹果馅饼了！"然后拥抱自己的丈夫，深情地吻他的额头……

结果不用说，英国人就此输掉了一百多镑金币。快乐如果说是人的一种心态，那么知足一定是修炼这种心态的重要方法。不管自己的丈夫带回来的是什么，他的妻子总是能以快乐的心情去面对。是的，牛奶也

121

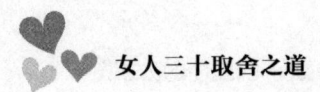
好，羊奶也好，鹅毛也好，腐烂的苹果也好，只要是他亲手递上的、劳动付出的，都是那样美好。这并不是自欺欺人，而是一种对待生活的态度，一种能在黑暗中仍然以看见星星为乐的心境。

知足的女人不会因为鸡毛蒜皮的小事争吵，知足的女人在遇到不公平待遇，心情感到委屈、憋闷时，会多想想已经得到的东西，进而使心情轻松平和起来。因为受到委屈已经让人心情不好，如果再因此引起别的纷争，就太不值得了。

因此，我们说，知足的女人也是生活重要的核心，她快乐，家里自然就充满笑声。相反，如果凡事计较，总是想多得到一些，那么，快乐会自然递减。一个女人，若是心中多欲望，并且心胸狭隘，只会让人敬而远之。

有一个人穷困潦倒得连床也买不起，家徒四壁，只有一张长凳，她每天晚上就在长凳上睡觉。她向佛祖祈祷能给她一个富裕的机会。佛祖看她可怜，就给了她一个装钱的口袋，说："这个袋子里有一个金币，当你把它拿出来以后，里面又会有一个金币，但是只有当你把这个钱袋归还给我后才能使用这些钱。"那个女人就不断地往外拿金币，整整一个晚上没有合眼，地上到处都是金币，她这一辈子就是什么也不做，这些钱也足够花了。每次当她决心归还那个钱袋的时候，都舍不得。于是，她就不吃不喝的一直往外拿着金币，直到屋子里全堆满了金币。

可是她仍然对自己说："我不能现在就归还钱袋，钱还在源源不断地出，还应该多一些钱才好！"到最后，结局可想而知，她虚弱得没有了一丝力气，终于死在了钱袋的旁边，屋子里装的都是金币。

人生也是这样，打败你的或许不是外部恶劣的条件而是你的内心。无穷的欲望就像口袋与源源冒出的金币，一旦你收不住，那么它就只会阻碍我们的生活。即使你满足了更大的欲望，但是却不懂得收手去享受，那么再多金币又有什么用呢？知足的女子若是拥有这样的钱袋，一定知道，多少适合自己，一定会懂得"归还"才是"拥有"的开始。

知足，这实在是一种人生的大智慧。以正确的心态对待宠辱得失，不会患得患失，对自己过去的努力给予充分的肯定，为下一次的付出提供良好的心态，不论将来得失，也同样感到快乐和满足。

如果幸福是一种心境，就让我们在"知足者常乐"的思想下，做一个简单感恩的幸福女人吧！

林清玄说，生命里的幸福是甜的，甜有甜的滋味。情爱的离别是咸的，咸有咸的滋味。平常的生活是淡的，淡也有淡的滋味。既然如此，又何必在乎那握在我们手心的东西究竟有多少？我们其实真正在乎的只是快乐或不快乐而已。学会克制自己的内心，找到真正想要的，以平常心去追求，常常体会生命的所遇所得，感恩生活的点点滴滴，这就是最幸福的生活了。

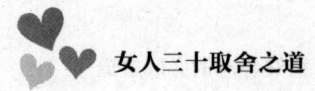

女人只需做自己

每当我们感到不幸福的时候，如果能放下自己现有的身份和角色，暂时放下老公的态度问题、孩子的学习问题、老板的脸色问题、你在工作中的不顺利等，认真地看看自己，究竟是谁，或许我们会清醒得多！一味地按着别人的意愿而生活，也许会让别人觉得你很顺眼，但是只会让你失去自己的格调，也肯定不快乐！

三十岁的女人，应该有自己的主见、自己的判断力，应该按照自己的想法去生活。

是的，谁都有不快乐的时候。当你遭遇不快乐的时候，不如这样：去掉自己所有的身份与角色，清晰地看着自己，看看自己究竟是什么样子的，然后问这具身体，你要继续这样汲汲营营地奔波，在并不快乐的生活中挣扎吗？

是的，如果我们能这样跳出来看待自己的生活，更容易看到我们不快乐的本质。我们不快乐，是因为我们没有按照自己的心意。那些看起来并不难办到的心意，是什么让我们放弃了呢？

别人的言语！别人的评价！别人的阳光！还有自己的顾虑！

作为一个女人，有过成功，也有过失败，当我们的内心在经历这一切时，别人又在哪里呢？所以，与其为了那些"别人"而失去自己的格调，不如去经历你想要的，哪怕会有一番破茧成蝶的痛苦，也是值得的。

只有这样，再过十年之后，你才不会后悔今日的选择，才会真正体会到什么是快乐，什么是属于自己的人生。

美国北卡罗来纳州的艾迪·奥瑞得太太讲述了她的一段亲身经历。

她曾是个普通的女孩，但她总觉得自己跟别人"不一样"。她曾因极力模仿别人无果，而几乎要自杀。她说："我的身体长得太胖，脸颊圆润，这使我看起来更胖。我的母亲非常传统，她认为把衣服穿得太漂亮是不明智的，而且她认为做得宽大一点更耐用。我从不参加任何聚会，也没有什么值得开心的事。上学后我也很少参加学校的集体活动，这使我总觉得自己跟别人'不一样'。

"后来，我嫁了一位比我大许多岁的丈夫，但我还是没有任何变化。我丈夫的家是一个有修养的家庭，我想要和他们一样，但就是心有余而力不足。我努力模仿他们，也总是无济于事。他们也曾几次帮助我，但总是适得其反，把我推到更糟糕的处境。我越来越神经质，害怕见到所有朋友。一听到门铃声我都会惊慌，后来我是彻底地崩溃了。我对自己很清楚，担心丈夫有一天会发现真相，所以每次在公共场合，我都尽量显得愉快，甚至装得有点离谱。我明白自己当时表现得过于差劲，而后便深深地自责，甚至事情过后的几天里我都显得精疲力竭。最后，我实在怀疑自己是否还有活下去的必要，于是我开始想到死。

"改变我一生的只是源于普普通通的一句话。有一天，我婆婆告诉我她是如何教育子女的，她对我说'无论遇到什么事，我总会要求他们保持本色'……'保持本色'这几个字恰似一道灵光闪过脑际，我竟然发现自己所有的不幸都起源于我始终把自己的身心装入了一个不属于自

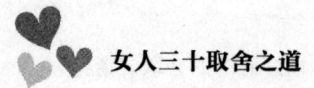

己的格式中，我其实一直都在迷失自我，这多么可怕呀！

"要还原自己的性格本色！我试着研究自己的个性，认识自己，找出自己的优点。我开始主动生活，我加入了一个团体，虽然只是一个小团体，但当他们请我主持某项活动时，我也很害怕，后来通过自己不断克服思想障碍，我积极参与其中，每次都得到了更多的勇气。这的确是一段相当漫长的过程。我终于找回了自我，说实话，现在我比过去快乐了很多。当我教养我自己的儿女时，我一定会把自己这些历经苦难才学到的人生经验告诉他们'不论发生什么事，永远活出你自己的精彩'。"

保持自我本色，这大概是女人们最难做的事情。因为从少女时代开始，那些时尚杂志就在引导我们如何穿衣打扮，从外貌上改变我们。到了二十多岁，所遇到的人和事无一不在改变着我们的价值观与追求。到了三十岁，我们或许早就被爱情和婚姻改造得完全失去了自我。做自己，谈何容易！

但是如果我们不做自己，做了别人眼中所愿的那个人，我们又怎么能成为"自己"呢？如果你周围的人都不再认识你，如果不再有人对你提任何要求，这时候你还会和现在一样地生活吗？

对于现状而言，这或许真是个异想天开的假设，但是如果能通过这个问题剖析现在的生活，又有何不可呢？再进一步问自己，如果你只是你，你要过什么样的生活？

或许你不再愿意穿高跟鞋，因为它真的很痛。虽然它能让你看上去很美，可那份美丽你自己看不到，你在别人的眼神中看到的不是自己原原本本的美丽，而是别人的评价罢了。

或许你也不愿意再奔波在两点一线之间，因为那也只是众口说的"稳定"。如果这份"稳定"让你不但不快乐，反而烦恼，你还会需要和喜欢它吗？

是的，我们都该做回自己，先是自己，然后才是某人的女人、某人的妻子、某人的母亲、某人的儿媳、某人的下属、某人的朋友、某人的邻居……这样，无可厚非啊！

亲爱的女人，爱自己，做自己吧！穿你喜欢穿的衣服，看你喜欢看的书，走你喜欢去的地方，说你想说的话，不用去迎合别人模仿别人，做任何人都没有做自己自在舒适。而你自身散发出来的那种精神与气质也一定是独一无二的！

做自己，总归显得有那么几分倔强，甚至是固执。但是如果你的人生中缺失了一个"自我"，那你在演绎的是谁的人生呢？这个世界，根本没有天才和庸人之说，只有自己和他人之别。也许在别人看来那个"自我"很平凡，但是对于你而言，她的属性就不再是"平凡"，而是"唯一"。作为三十岁的女人，我们无须计较别人的眼光。活出你自己，活出自己的本真才是最高质量的人生。

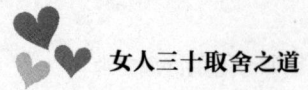

聪明地付出，把握好尺度

女人骨子里都有一股母性，对自己的爱人就像呵护自己的孩子一样，无微不至地照顾。而男人骨子里却是一个长不大的孩子，会撒娇，也会脆弱……于是女人总是乐于付出，对自己爱的人宠爱。可是一味地付出，却并不一定就幸福。因为一个男人，无论何种情况下，一定要和女人共同分担生活的重担，它代表着一个人对于家庭所担负的责任。而作为女人，要懂得聪明地付出。既要让对方感受到你的关怀，也要让对方知道你的付出并不是理所当然，只有这样，你才会得到爱的回应。

我们的生活，就是由我们和别人的各种关系所组成的，而在这种关系中，付出自己的真诚，给予自己的热情，总是或多或少地能得到别人的回报。于是，你拥有了最好的朋友，拥有了可爱的邻居，也让自己的生活变得有滋有味。可是，当你遇到了生命中最重要的那个人，你用双倍甚至更多倍的爱与真诚来给予时，你有没有想过，感情是生活里的一门特殊课程，需要特别地对待呢？

在爱情里，我们总是习惯忘我地付出：你早起，给他在上班前做好一份可口的早餐；开始不介意他约会迟到，反而担心他赶得太急出事儿；开始在点菜单前只记得点他喜欢吃的菜；开始用自己努力工作挣来的工资给他买礼物；开始打电话发短信提醒他中午吃饭……可是，"付出"这服在生活中很管用的药在爱情里却不灵了！

　　小乐和小王结婚三年了，婚后生活平淡，也没什么大争吵。可是有一天，躺在沙发上看书的小王突然对躺在沙发上休息的小乐表情严肃地说："我觉得你现在越来越没有追求、没有想法，跟你交流越来越困难了。"

　　结婚三年来，小王的这种论调至少说了有一年半，刚开始小乐还不以为然，觉得他是在开玩笑，就常常开玩笑地回应说："是啊是啊，我现在是家庭妇女，大俗人一个，每天除了工作，就只能忙着家务，咱们家精神文明建设的重任就交给你啦。"所以小王的那种"诗意的栖居"的理想还被保存得很完整，依然过着"诗、书、花、酒、茶"的生活。小乐本来觉得这样挺好的，每个人都自得其乐。

　　可渐渐地，小乐发现他说的次数越来越多，态度也越来越认真，心里就觉得很不舒服了。回想这一年多来，两人也经常聊天，小王谈他的电影、音乐、小说，小乐自己说单位里的事情，也说说家里的事情，有时还会建议小王是不是应该准备投资等，可小王觉得小乐太俗气，说不到一起去。晚上或者周末，两个人在一起相处的固定场景就是小王在客厅里看书或者看碟，小乐在家里上网。

　　现在，小王再次提出，觉得自己的妻子变得越来越世俗、越来越物质，没理想，没追求。小乐觉得很受伤，因为谁都想一辈子阳春白雪不问柴米油盐的事情，可是一家子过日子总要有个操心的人，小乐为了自己的爱情，让自己承担了俗人的角色，却没想到，反而让活在"精神世界"里的小王嫌弃了。

　　因为爱小王，小乐让自己变成了无薪保姆，家中大小事务全都一

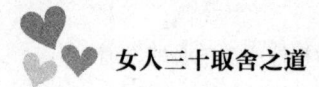

手揽，即使感觉累也会因为爱情而坚持岗位，可是她的付出又有什么用呢？除了让小王嫌弃，她并没有得到该有的体谅。而小王继续过着诗意的生活，完全看不到小乐的付出。

像小乐这样的妻子并不少，一手操办着家里的起居饮食，而他总是一回家就坐在沙发上等着你将做好的饭菜端上桌，等着你为他放好洗澡水准备好睡衣。而你总是想他工作太辛苦而自己辛苦一点又算得了什么呢？殊不知，在你一心为他想的时候，可能他并不能体会你的苦心，也不会给你相应的爱。你总觉得为什么他就不能对我好点？只要有我对他的一半好就可以了。直到某一天，能突然发现问题的所在，就像现在这样，再重新回到那个令他追求的骄傲的自己时，说不定，他反而对你好了起来，就像当初追求你时那样。

所以，在一份爱里乐于付出并无可厚非，但是付出要把握好尺度。

中国台湾著名导演李安在大学刚毕业时没有找到一份和电影相关的工作，经常赋闲在家。全家的经济支出都依靠还在读博士的夫人林惠嘉。这样妻子养活全家的日子一过就是六年。在这六年里，她并没有纵容李安成为"家庭煮夫"，而是不断鼓励他向目标前进，让他去沉淀、去成长。李安终于成功后，她对他的态度也未因此改变，她说："李安还不是导演的时候，我就是我，李安当导演以后，我还是林惠嘉。"

一次，已成名的李安与她一起去菜市场，邻居见了说："你命真好啊，先生现在还有空陪你买菜。"林惠嘉不以为然地说："其实你搞错了，是我来陪他买菜。"直到现在，李安依然会每天与太太交流，分隔两地时便通过电话，林惠嘉的独立与有主见总能让李安感觉心安。李安说："妻子对我最大的支持，就是她的独立。她不要求我一定出去工作。要不是碰到她，我可能没有机会追求电影生涯。"

　　如果当初林惠嘉是个将付出看做感情第一位的人，又或者是一个依赖男人的小女人，也许李安早就顶着压力转行了，哪还有时间让自己静下来去思考、去创作呢？可以说没有林惠嘉的坦然聪慧，就不会成就如此大气沉稳的李安。因为她懂得，对感情的付出并不是"委屈的牺牲"，而更应该是一种适当的鼓励。

　　因此，聪明的付出应该是这样的：当你并不情愿当家庭主妇时，除了"乖乖就范"，也得告诉他，待在家里并不是你的理想生活，也不像他所想象的那样轻松。你不过是为了让家里更好而尊重这个并不"合理"的家庭分工，而你也完全有理由说"累"，也完全有理由获得和他在外面工作同等的尊重。

　　聪明的付出应该是这样的：当他的某个决策很对时，要毫不吝啬自己的赞扬。但是当他做得不够好时，你也不能自己为他找各种理由，而是大大方方地指出来，说明自己的观点。真正的"贤妻"是应该有自己的立场和处世方法的。

　　聪明的付出应该是这样的：即使他工作很忙，回家后不愿意再挪动身子，你也要为他派一些稍微轻松的活让他做，至少也要让他像奥巴马那样抽空给女儿讲讲故事。因为凡事只有经历过自己亲手付出，才会更加珍惜。

　　因此，女人们与其用自己染着阳春水的双手擦眼泪，不如学会如何更巧妙地安排两人在爱情里的责任吧！

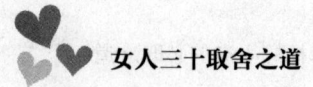

要记住，被玫瑰刺到过的人，会更珍惜玫瑰温柔的芬芳！

如何让你的另一半理解你的所为也是一门学问。同样地挽起衣袖在园子里浇花，有的女人只会让男人认为那是她的义务，有的女人会让男人称赞她的勤劳，而有的女人却能让男人夸赞她的蕙质兰心，并且愿意和她一起照顾整个园子。

第七章
CHAPTER 7

取智舍愚——
职场拼搏成就一番碧海蓝天

职场如战场，每天都会有战争发生，虽然不似古代战场那样硝烟肆意，生死相搏，但是女人身在职场，学会用智慧为自己的职业生涯出谋划策，用坚毅刚强去面对职场的挑战，用从容大度去面对职场的输赢，用灵活变通的心去应对职场的关系，舍掉那些小女人的计较、柔弱、忌妒与任性，你一定能在职场成就自己的一番碧海蓝天！

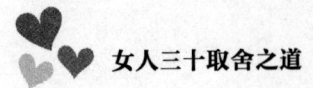

抓住机遇，适时突破

跳槽或者转行是自我价值期待的一种现实体现。但在职场中要往高处走，或者改变方向，必然具备几点因素，一是具备足够的竞争力，二是懂得往上走的"登山技巧"，如果这两者你都已经具备了，那还等什么呢？与其原地踏步，不如选择一个方向，去攀登你能到达的高度，去体会"一览众山小"的壮阔，去看你真正想看的景色吧。

对女人来说，跳槽或转行都意味着巨大的挑战和风险，因为你要面对的不仅是新的工作环境、新的同事和新的工作方式，也有可能面对来自家庭的压力。但是越来越多的职场女人开始思索自己的方向与价值：难道我这辈子就只能做这个？

去尝试新的工作方式，挖掘自己的人生价值，成了很多女人跳槽与转行的原因。尤其是那些毕业的时候并没有选择自己喜欢的工作去做的女人，在三十岁的这个坎上，经常都会有去改变现状、争取为自己重新选一次的机会。而有些女人，经历了几年职场的磨砺，也越来越明白自己真正想做的是什么，于是选择跳槽或者换工作。

　　妍是一家网站的编程员，她年轻漂亮，收入颇丰，在外人看来，生活事业一片锦绣，理应快乐才是。然而，可能谁都不会想到，在妍的内心深处已潜藏了一个很久的苦恼、妍早已厌倦了这份工作，日复一日地电脑操作使她除了感到单调机械外毫无兴趣可言，进一步激发了她心目中的文学梦。

　　妍从小酷爱文学，在她们当地一度也被誉为才女，高中时她发表了诗歌、散文，在当地还拿过奖。妍的理想是当一名作家、文学家，像巴尔扎克、托尔斯泰那样，作品源远流长、千古不朽。高考那年，作为全校的优等生，妍的目标是北京大学中文系。然而，就在妍填志愿的前两天，妍的父母知道了，极力反对她学中文，希望她能选择计算机，理由是学中文以后没前途，文学道路会越走越窄，而计算机越来越普及，将来必会形成趋势。妍说："这毕竟是我一生的追求和爱好啊！我怎么能够就轻易放弃呢？"然而母亲却来了句："你小孩子懂什么，我吃的盐比你吃的米还多呢。"一句话把妍给塞了回来。最终妍拗不过父母，大家也都知道妍最终地选择了。

　　到现在妍还在后悔，当初应该坚持己见，不该听父母的劝阻，但是她也知道，也不能一味地怪父母，只有自己面对一切。现在的单位令妍最为不舍的是它有高额的收入，能让自己的生活有保障，能为暂不富裕的家庭提供帮助。但从兴趣角度来说，妍是一百个不愿意，她现在只要一上班就感到很痛苦，整个心境就会沉重起来，就连昔日觉得很美好的东西现在感觉一点意思也没有了。最终，妍还是选择了离职，因为她觉得自己如果还不选择喜欢的，将不再有机会，也许会一辈子感到遗憾。

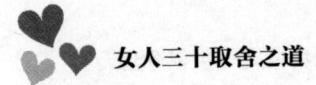

很多女人在自己感觉公司的发展前景不好、工资待遇或能力得不到发挥，自然就会想离开，就像妍这样。但是，在以变化和更新为主旋律的职场，女人们跳槽前还是应该考虑自己在能力上、经验上或者心理上、人际关系是否能有所提高。

也有一些女人，已经在一个单位做出了一些成绩，可是却不想自己的一辈子都待在这个职位上，因此选择换工作或者跳槽。因为对于她们来说，工资的多少或者职位的高低已经不那么重要，她们更看重工作所带来的幸福感、成就感、挑战性、人际关系状况、管理制度和文化氛围等。

刘女士在原来的工作单位是属于被"重用"的一类人。在她研究生毕业刚到学院工作时，那里的研究生数量还很有限，因此她受到学院领导的格外关照。经过几年的积累，她的业务水平逐渐得到了认可，并取得了副教授职称，与此同时，刘女士的仕途似乎也很顺遂，三十出头的她就已经担起了社科系副系主任的行政职责。但她却突然提出了申请离职。就在她申请调离之前，学院领导还先后几次找她谈话，希望她能承担起培训部主任一职。如果刘女士继续在原单位工作，再过两年就有资格参加正教授的评选，还可以顺理成章地拿到正处长的职位。

然而，刘女士的去意已决，所有这一切都没有动摇她跳槽的决心。就这样，刘女士放弃了职称和官位，成了一家报社的普通编辑。面对许多人的疑惑，刘女士显得平和而坦然。她认为，人的潜力是巨大和多样的，能力的发挥需要一定的空间和舞台，换一个工作环境就为开发自己的潜能提供了一次机会。

在生活中像刘女士这样跳槽的女人越来越多。是的，如果你觉得自己还有潜力可以将另一份工作做好，如果你觉得有另外一份事业可以提升自己的工作成就感，如果你觉得还有另一种工作更切合你的生活实际，与其绑手绑脚将自己束缚，不如勇敢地改变自己，哪怕因此失去一些原本唾手可得的东西，但只有勇敢地"舍"，才能有机会去"得"。

人生很短暂，尤其对于女人来说。年龄越大越没有那份勇气去做些转变。作为三十岁的你，如果仍然有那么些不甘、那么些抱负，那么不要犹豫，选择转行吧，因为时间是不等人的。如果你总是犹豫，你除了变老将会一成不变。与其浪费自己的时间，浪费了自己的梦想，不如付诸实际行动，海阔天空，女人也可以走到更广阔、更精彩的世界中去！

每个上司都喜欢忠诚的下属

如果你是一个上司，那么你一定渴望自己有值得信任的下属，只要交代下去的工作，一定认真负责地做好，不用担心她会突然转变方向，另谋高就。也不用担心自己辛苦培养的员工突然成了别人的"谋臣"。同理，如果你仍然在下属的职位，那么即使你再有能力，也别忘了，做一个值得上司信任的人同等重要！在职场中，"被人信任"是可贵的，被人信任的女人，更不用担心自己没有好的发展空间。

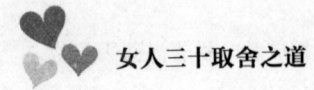

一个出名的人力资源女总监曾说过："一个幸运的职业人拥有三个必备条件，一份自己喜爱的工作，一个呵护自己的家庭，还有支持、赏识自己的上司。"这三个必备条件，确实是很多女人梦寐以求的，可是你可以自由选择一个你爱的人，也可以选择一份你感兴趣的工作。可是当你进入职场时，你的上司是谁，是你无法确定的。

如果你遇到了一个并不赏识你的上司，该怎么办呢？是选择离开，还是沉默不在乎？其实，对于任何一个职业女性来说，与其选择一个好上司，不如让自己变成上司喜欢的下属。

在这个世界上，有能力的人比比皆是，但并不是能力越强的人越受企业欢迎，因为在能力之前，更多的企业会看中人的品质。上司和下属之间总有些沟壑需要填平。而填平这些沟壑的最好材料就是一颗忠诚的心，一个既有能力又忠诚的人是每一个企业企求的理想人才，忠诚的最好体现就是忠于本职工作、忠于上司的安排、忠于公司发展。

有位民营企业的女总经理，她长得并不漂亮，学历也不高，一开始在一家房地产公司做最底层的工作——打字。她的办公桌与老板的办公室之间隔着大玻璃，老板的举止她原本可以看得清清楚楚，但她很少向那边多看一眼。她知道工作认真刻苦是唯一可以和别人一争长短的资本。

一年后，公司资金运作困难，员工工资开始告急，人们纷纷跳槽，最后总经理办公室的工作人员就剩下她一个。人少了，她的工作量也陡然加重，除了打字，还要做些接听电话、为老板整理文件等杂活。

这天，她走进办公室，直截了当地问老板："您认为公司已经垮了吗？"老板很惊讶，说："没有！""既然没有，您就不应该这样消沉。现在情况虽然不好，可许多公司都面临着同样的问题，并非只是我们一家。而且，虽然两千万投在工程上成了笔死钱，可公司还有一个公寓项目，只要好好做，公司很快就能重整旗鼓。"说完，她拿出那个项目策划案。

两个月后，那些位置不算好的公寓全部先期售出，她拿到四千万支票，公司终于有了起色。以后四年里，她成了公司副总，帮着老板做成了好几个大项目，又忙里偷闲，炒了大半年股票，为公司净赚了六百万。又过了四年，公司改成股份制，老板当了董事长，她则成了新公司的第一任总经理。

一个忠诚的下属，就不会趁上司不在的时候溜出去办私事，或者是趁上司不注意的时候偷懒聊 QQ，也不会把自己跟朋友聚餐的餐费发票塞进请客户的单据中报销，更不会在上司不知道的情况下接受竞争对手的邀请，将公司的情况泄露。这个在公司不景气的时候主动留下来的人，正是靠着自己的努力，靠着对公司对上司的忠诚，从基层做到了管理层。

一个懂得表达自己忠诚的人，不妨学会一些与上司相处的技巧，在重大项目获得成功时突出团队的力量而不要将功绩揽在自己身上，同时在平常注意巩固与上司的私人关系，在获得上司的赞美时要谦虚平和，在上司需要帮助时更要真诚付出。你要记住，记得上司他也是一个有血有肉有悲有喜的人，你的真诚与踏实他是能看得到、感受得到的。他会很乐意将重要的事情交给你来处理，给你机会让你提高自己的能力。

女人不管现在在何种职位上，做一份工作就尽自己的全力吧，忠诚

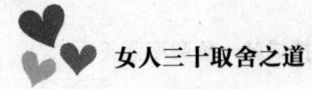

地对待你的上司，不管你的能力如何，因为如果说在家庭里需要一个女人的温柔与勤劳，那么职场需要的就是不断提高女人的能力和忠诚！

如果在工作中你常抱着一种"我只是在为别人打工"的想法，凡事做到"及格"就罢手，或许你永远都只能是一个小职员。但是如果你能将自己的能力全置于工作上，真诚地对待，认真地完成，踏踏实实将每一次工作任务都尽力做得出色，那么你迟早能脱颖而出。

竞争来临，能就上，不能就让

作为一个成熟女性，无论是职场素质还是职场能力，都已经到了一定的高度。在竞争中，相信通过努力我们一定可以成为竞争中的强者固然重要，但前提是，我们必须有良好的竞争心理。当自己能胜任时，就要沉静以对，努力获得这个机会。但对于那些自己力所不能及的挑战，就应该勇敢面对自己的不足，将机会让给更有能力的人。职场上的竞争与让贤并不矛盾，相反，它是女人在职场智慧与大度的体现。

职场里免不了有竞争，三十岁的女人尽管已经在职场上拥有了属于自己的一片天空，可是面对来临的竞争时，多多少少仍然会有一些紧张。在竞争中出色地完成自己的任务固然好，可是如若失败，不但使得公司受损失，而且自己的信心也会受到打击。

　　尽管在职场中，人们大多讲究如何让自己从众人中脱颖而出，讲究如何通过一次次的挑战来提升自己的能力，但是职场中有"自知之明"的"礼让"是更巧妙的生存之道。

　　职场的竞争不像考试高低分那么简单，关系到很多方的利益，也关系到与同事之间的关系。最恶劣的竞争方式是为了自己的利益不择手段，即使有损同事之间的和睦，损失公司的利益也在所不惜；中等的竞争是用公正光明的方法，不会主动帮助别人，也不寻求他人帮助，互不干涉，互不影响；但是还有一种竞争，是追求双赢的美好局面，将这个机会让给竞争对手，自己甘愿跟着对方学习，使自己的竞争对手能和自己一起提升。这种竞争不仅能降低风险，也能使同事之间真正像朋友一样相处，不论谁赢，都能坦然待之，真诚地对彼此说"恭喜"或者"加油"！

　　一名凶恶的农妇死了，她生前没有做过一件善事，她被扔进了火海里。守护她的天使心想："我得想出她的一件善行，好去对上帝说话。"天使想啊想，终于回忆起来，就对上帝说："她曾在菜园里拔过一根葱，施舍给一个女乞丐。"上帝说："你就拿那根葱到火海边去拉她吧。如果能把她从火海里拉上来，就拉她到天堂上去；如果葱断了，那女人就只好留在火海里，仍像现在一样。"

　　天使跑到农妇那里，把一根葱伸给她，对她说："喂，女人，抓住了，我拉你上来。"天使开始小心地拉她，差一点儿就拉上来了。火海里别的恶鬼也想上来，他们也想借着那根葱攀爬上去，女人看到后，使劲地用脚踢他们，说："人家在拉我，不是拉你们。那是我的葱，不是你们的。"

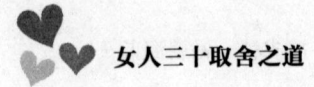
她刚说完这句话，葱断了。女人再度落进火海，天使只好哭泣着走开。

农妇后来才知道，这根葱其实是足够拉许多人上来的，上帝想借此再度考验一下她，但农妇没有经受住这种考验。

如果这个妇人愿意给和自己同样遭遇的人一线生机，她也不会再次掉入火海。而在职场中，我们所面对的也不是必须争个你死我活的敌人，而是每天与你一起并肩作战的同事，如果仅想与其竞争，那么办公室只会变成纯粹的战场，也不会有大家庭的感觉，那么我们还有什么精力一起并肩作战呢？

与其凡事总想自己当个赢家，不如公正衡量自己与他人的能力，看到每个人的优点，从欣赏别人的角度来看待别人，善于发现别人的优点，并认真学习，努力弥补自己的不足。常言说得好："天外有天，人外有人"，一个竞争项目如果你凭自己的能力做不到，让给了别人，你也不会吃亏，反而在跟着学习的过程中，一定能学到很多。而你的人际关系，将因为你的"让"而更加和谐，工作起来也会顺利很多。

明代儒学家洪应明在《菜根谭》中说"处事让一步为高，待人宽一分为福"，这句话在职场中同样适用。在根本无法胜任的竞争中让一步是明智的，也是把一种高尚的处世哲学用竞争的形式传达给对方。本着这样的宽厚和大度，相信职场中的女人将走得更稳、更宽阔！

竞争是每个人都规避不了的人生挑战，没有竞争世界就不会前进，而人也不会进步。作为三十岁的女人，面对竞争我们可以处理得更理智、更聪慧。与其尔虞我诈、费尽心思，不如就本着公正、客观的心态去面对竞争，君子成人之美，是竞争的一种美德！

护好关系网，办事才通畅

职业规划专家说，10% 的成绩、30% 的自我定位以及 60% 的关系网络才是成就理想的标准定位。不管你同不同意这种说法，都不能否认"关系网"在职业生涯中的重要性！独飞的鸟儿飞不远，建立和维护好你的关系网，是一门必要的学问，也是一门职场艺术。灵活地平衡好关系网，你就会变成职场中一个能容易抢占先机的交际家、一个精明的交谈者、一个更理智的经营者。

提到"关系网"，你很可能会表示不屑一顾，因为职场中"拉关系"总是会与玩手段、谄媚、虚伪等词联系起来。但换一种角度，"关系网"是什么，我们或许可以这样来理解：我们在生活中需要很多朋友，知心的或者泛泛之交的，或许是一面之缘的，他们构成了我们的"朋友网"。现在，我们在工作上也需要为自己找伙伴，他们被笼统称为同事，你和他们之间讨论的不再主要是生活、家庭，而更多的是公司新闻、产业动向、商业策略以及与你们行业相关的话题。而你与他们之间构成的关系，不仅能让你在专业上找到志同道合的伙伴，也能让你的业务越做越广、越做越顺。

无论你认为自己是超然于关系网的，还是压根儿不知道如何建立关系网，都应该把建立关系网这种意识植入你的脑中，因为在职场，独自埋头干活的人会很累，也较难得到很好的发展。而那些拥有关系网的人，很容易在触及某根线时就准确地找到自己想要的，从而比较迅速地完成自己的工作任务。

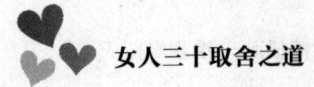

　　在雅静刚开始工作的时候，有一段时间，她自以为只要努力工作，埋头做事，远离办公室政治的是是非非就会出人头地。正如许多女性那样，雅静相信自己的努力和才华会自动说话，只要老板看到了她辛勤工作取得的成绩，自然会不断给自己升职加薪。因此，大多数日子雅静或者埋首于自己的小隔间，或者在客户那里忙乎，忘了和同事们一起吃午餐，忘了每天工作开始前花几分钟到休息室喝杯咖啡。她太忙了，忙于写意向书，忙于更新项目计划，忙于制作详细的幻灯演示片。

　　随着时光的流逝，雅静开始注意到一个令人懊丧的小现象：周围的男人们准备去吃午饭，他们早早下班去打高尔夫球，他们在老板的办公室谈天说地，议论着最新的橄榄球赛比分。更让人气恼的是，他们似乎并没有因此而在事业上遭受任何损害。而周围的大多数女性和雅静一样，比大多数男人们工作更卖力，或者至少工作的时间更长。她们心里似乎都抱着这样的看法："如果我不去做，这活儿就完不成。"她们总是一门心思扑在工作上，为创出佳绩而消失在自己的小世界里。是的，她们成功了，不负众望完成了任务，可是她们都犯了一个大错：深信不疑地认为工作才是推动她们攀登事业阶梯的唯一推进器。

　　好在没有多久雅静就认识到，要进步，不仅仅在于你的工作做得怎样，还要看你认识什么人，而且有什么人知道你所做的工作。换句话说，女性需要构建一张人际关系网，这张关系网里的人精明、有影响力，了解她们的技能和成就，能给她们提供事业上的建议，使她们对事业上的机遇保持敏锐性。建立这样一张关系网，不仅需要你走出办公室，而且还需要你调整自己的沟通风格和沟通渠道，懂得如何表达自己和向何人表达，以便同最具影响力的人物建立联系，给他们留下深刻印象。

　　如今，雅静已经成了一家公司的经理。

　　很多女人，像雅静以前那样工作，她们总是很努力，却总是显得更疲惫更忙碌一些。雅静的转变，就是一个新的开始。女人建立自己的关系网，发挥女人刚柔并济的特质，一定能为自己赢得更多的机遇。试想，如果你的上司根本不认识你，那么即使有一个非常适合你的工作任务出现，也不可能会落到你的头上。

　　那么，如何较好地建立和维护自己的关系网呢？从自己的生活伴侣到工作同事再到街区老板——我们中的每个人平均认识500个人，这些关系都可以好好利用起来并运用技巧将它们联系起来。如果你能够善于经营自己的人际网络，一定能获得蜘蛛人那样的神奇力量。

　　虽然三十多岁的女人不一定人人都喜欢参加聚会，甚至很多女人喜欢躲在自己的躯壳里，羞于运用她们的交际能力或是根本不愿显露魅力。但是不得不承认，有的时候成功往往来自轻松的聚会——很多成功男士几百年前就开始在专门的鸡尾酒会上成交买卖了。现在，行业内的聚会也并不少，当你有机会加入这种聚会时，不要再嫌麻烦逃避了，因为在这种场合，非常容易让更多的人认识你，你也能借此机会认识更多的人，得到更多的行内信息。

　　曾经有位培训师讲过这样一个故事说，他曾有幸参加世界第一名推销员乔·吉拉德关于人脉的演讲，演讲前，他不断地收到乔·吉拉德助理发过来的名片，在场的两三千人几乎都是如此，都有好几张，没想到，等演讲开始后，乔·吉拉德的动作却是把他的西装打开来，开始在现场

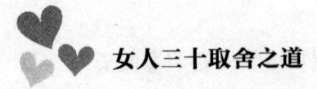

撒名片。他至少撒出了三千张名片后，全场疯狂了。这时乔·吉拉德停止了动作，他说："各位，这就是我成为世界第一名推销员的秘诀，演讲结束！"虽然成为世界第一名推销员并不是乔·吉拉德说的那样简单，但是他别开生面的演讲告诉了人们人脉的重要性。在生活中，我们应该有意识多参加活动，让更多人认识你，不光是正式的派对，在日常生活很多场合你都要有乐于结交朋友的心态。将你的愿望告诉你所有碰巧遇到的人，说不定哪一天，就会"无心插柳柳成荫"了。

维护自己的关系网，也是一门功课。你不要因为某个同事休了一年的产假，就将她从你的联系人名单中划去。保持和她的联系，即便是她和你目前的工作完全没有联系。在熟人生日时送上鲜花或是发出一个祝福电子邮件，朋友婚礼时或是生育了也要及时送上祝福，当你在行业报告中读到老同事获得成功时不要忘记祝贺他。最终你会发现自己也会收到意想不到的祝福，总会有人在一个恰当的时机想着你。

去掉那种临时抱佛脚的习惯吧，只有在你顺利的时候维护好你的人际关系，你才能在不顺利的时刻获得帮助。因为人与人之间的真诚，是可以用心感受得到的！

通常，我们很讨厌走关系，因为它让我们看上去傻傻的，像犯了错误一样或是只感觉到人情的淡漠，但是搭建合适的关系网却是任何有效工作策略的重要因素之一。工作网的搭建并不是一蹴而就的事，而是一个长期的战略。不要因为你联系的第一个人当时没有为你提供工作而受到挫折。投入更多的时间和精力去建设，培育你的工作网，对你一生的职业都有帮助。

合作愉快，钱才赚得快乐

　　人在职场，即便是自己再强大，也少不了需要别人的协助，这个时候和同事之间的团结协作就显得尤为重要。有的时候，我们与同事之间的关系就像一双筷子，谁也离不开谁，谁离开了谁都夹不起东西来。作为一个三十岁的女人，在职场中走了这么久，一定明白合作对于我们未来的发展有多么重要。它不但可以提高我们的工作效率，还能为我们在职场中赢得不错的口碑和人缘。

　　综观社会上的成功人士可以发现，真正取得竞争优势的人首先是一个善于合作的人，完全靠单枪匹马稳操胜券的人并不是经常出现的，"孤芳自赏"的人常常会有"怀才不遇"的苦恼，因为我们处在一个专业分工精细而又合作共处的时代。与他人合作比单独工作有许多好处，因为群体成员具有不同的背景和兴趣，这为多样化观点的产生提供了可能性。实际上，与他人合作往往可以产生出一些只凭自己无法具有的闪光点子。此外，群体成员互相提供帮助和鼓励，每个人都努力贡献出他或她独特的技能，这种工作方式能激励团体成员付出更多的热情。

　　世上现存最高大的植物当属美国加州的红杉。红杉的高度大约为100米，相当于30层楼那么高。科学家对红杉进行了深入研究，发现许多奇怪的现象。一般来说，长得越高的植物，它的根理应扎得越深。但科学家却发现，红杉的根只是浅浅地浮在地表而已。这使得红杉能方便快速而大量地吸收赖以成长的水分，从而得以快速茁壮地成长。

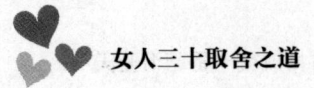

但是，根浮于地表也有弱点。如果高大的植物的根扎得不够深，这种植物就非常脆弱：只要一阵大风，就能将它连根拔起。可红杉为什么却能长得如此高大且屹立不倒呢？

科学家们发现，没有一株红杉是单独生长的，它必定生长在一大片的红杉林中。这一大片红杉彼此的根紧密相连，一株接着一株，结成一大片。这让红杉牢牢地粘在了地面上。即使是自然界威力无比的飓风，也无法撼动几千株根部紧密相连，占地超过上千公顷的红杉林。除非飓风强到足以将整块地掀起，否则再也没有任何自然力量可以动摇红杉分毫。

红杉林根部相连，以充分而紧密的合作关系，才创造出屹立不倒的红杉林。成功不能只靠自己的强大。而合作既是一种精神和态度，也是一种能力和修养。作为一个三十岁的女人，就算自己的能力很强，也要学会如何和别人一起合作，因为一个人和另一个人的合作，并不是简简单单的力量相加，或者一起做事。善于协商与合作的人不仅能够克服个人力量的不足，壮大集体的力量，还能使每个人都从中获得进步，并且感觉愉快！

从前，有两个饥饿的人得到了上帝的恩赐——一根鱼竿和一篓鲜活的鱼。其中一个人要了一篓鱼，另外一个人则要了一根鱼竿。带着得到的赐品，他们分开了。

得到鱼的人走了没几步，使用干树枝点起篝火，煮了鱼。他狼吞虎咽，没有好好品尝鱼的香味，就连鱼带汤一扫而光。没过几天，他再也得不到新的食品，终于饿死在空鱼篓旁边。

另外选择鱼竿的人只能继续选择忍饥受饿，他一步步地向海边走去，预备钓鱼充饥。可是，当他看见不远处那蔚蓝的海水时，他最后的一点力气也使完了，他也只能带着无尽的遗憾撒手人寰。

上帝摇了摇头，决心再发一次慈悲。于是，又有两个饥饿的人得到了上帝恩赐的一根鱼竿和一篓鲜活的鱼。这次，这两个人并没有各奔东西，而是约定相互协作，一起前往寻找有鱼的大海。

一路上，他们饿了时，每次只煮一条鱼充饥。终于，经过艰苦的跋涉，在吃完了最后一条鱼的时候，他们终于到达了海边。从此，两个人开始了以捕鱼为生的日子，他们有了各自的家庭、子女，有了自己建造的渔船，过上了幸福安康的生活。

不管你是与女人合作还是男人合作，合作的双方都要具有双赢意识，而不是以谁付出多一些、谁得益多一些为前提。合作的目的是通过大家的共同努力，取得共同的成功。如果你不顾别人的感受只是自私地想自己成功，那么没有人会乐意和你合作。再者，合作双方必须以诚相待，互相尊重。合作双方最忌讳的就是互相使心眼。既然是合作伙伴，就是一损俱损、一荣俱荣，共同承担风险。合作双方都必须胸怀大度，求同存异。在合作的过程中，难免会出现一些分歧，如果不能做到大度相容，就有可能将分歧演化成矛盾，最终受损失的是双方。

善于合作的女人，一定懂得珍惜这种走在一起的缘分，懂得一起为同一件事情奋斗是人生的一种机遇，所以，合作并且快乐着，你们才是好搭档！

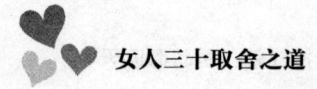

一个"人"字,就是相互支撑的一生,与别人合作,既帮助了别人,又帮助了自己,何乐而不为呢?作为一个三十岁的职场老将,和同事采取优势互补的策略,不会是一次两次了,但如何更好地与人合作,你是否总结过,或者认真关注过这个课题呢?从现在开始,认真思考这个问题吧,掌握这种才能,不管是打工还是创业,都是非常重要的。就像爬山虎因为枝叶庞大,必须依附于墙才能看到阳光,而墙也因为爬山虎才不会埋没于众多的建筑之中,两者相得益彰!

第八章

取实舍虚——
付出加回报,获得好人缘

人的一生中会遇到很多人,会得到一些人的帮助,自己也会帮助很多人,有些人还会成为你的朋友、你的同事。在人生的旅途上,三十岁的你要学会不吝惜自己的付出,同时,别人帮了你,你就要感恩回报。不一定大声地告诉别人你在帮他,或者正在回报她,只需要用心默默地去做,对方就会感受得到。那些只会耍嘴皮子的虚伪之人终将被众人冷落;而那些真心实意、真诚相待的人会不断地获得好人缘,获得持久的温暖。

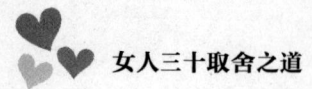

三十岁女人，更需要正确看待金钱

现代人越来越重视对金钱、权势的追求和对物质的占有，三十岁的女人应该更加的明白，我们每一个人所拥有的财物，无论是房子、车子、票子等，不管是有形的，还是无形的，没有一样是属于你的，那些东西不过是暂时寄托于你，有的让你暂时使用，有的让你暂时保管而已，到了最后，物归何主，都未可知。所以，何必为身外之物太过烦心呢？

金钱在现代社会绝对是炙手可热的东西，不管是谁都无法躲开它那耀眼的光芒。不知从什么时候开始，我们的生活好像都在围绕着银行卡打转。女人更是如此，柴米油盐、衣食住行，哪一样都与金钱息息相关。一个女人出门，可以什么都不戴，但一定会记得带钱包。

但金钱本身呢，其实只是一张印刷过的纸。尽管它被人们疯狂地膜拜、挖掘、得到、使用、保存……但它的命运不在于它自己，而完全取决于支配它的人的行为。

金钱之于女人，往往因为女人的不同性情而呈现不同意义。

有一种女人，她们漠视金钱，更注重精神世界，她们沉醉在自己的精神世界中，俭朴的生活对她们来说意味着自由。金钱对于她们的价值是能帮助她们实现某种理想。在生活中，除了温饱的衣食，她们可能偶尔会购买自己喜爱的奢侈品来满足作为女人的那一点点小虚荣，但她们的生活整体是很简朴的。有一种女人她经常幻想，如果有朝一日自己拥有了一大笔财富的话，她会买些什么。遗憾的是，即使拥有了这么一大笔钱财，她也不懂得享受生活。她省吃俭用，就是为了将这笔钱留给孩子，这样她就满足快乐了。有一种女人会追求随心所欲的感觉，她永远没有计划地支出，直到自己的账户透支，她才会抑制购物的冲动。但购物是为了什么呢？或许只是为了得到别人对她生活品位的认可与称赞，面对别人质疑时，她会说："懂得花，才懂得挣嘛！"还有一些女人，在实际的生活中形成自己的金钱观和消费观。

人们经常说，女人在金钱上总比男人小气，因为女人通常把钱或财物看得很重，她们总是万不得已才花钱，即使她们有相当多的财富，也无法松懈一些来享受。心理学家指出："如果 30 岁时女人就吝于花钱，到了 70 岁只有更小气。"有些女人，没钱的时候觉得自己很可怜，等有钱了，又发现自己用金钱买不到快乐，反而不断地患得患失，感到比没钱时更难受。

其实，到底是金钱改变了人的行为，还是人的行为改变金钱，女人应该有了判断。你必须了解，金钱本身是没有力量的，它所有的力量都来自你。而它能产生什么影响，也取决于你自己。

南方的一个古镇上有一个古董铺，铺里住着一位妇人。她的经营方

153

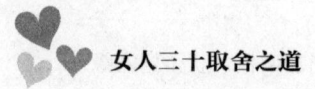

式非常古老和传统，人坐在木门旁，货物摆在门外，不吆喝，不还价，晚上也不收摊。你无论什么时候从这儿经过，都会看到她在竹躺椅上躺着，眼睛微闭着，手里拿着一个陈旧半导体小收音机，身旁是一把紫砂壶。她无儿无女，每天的收入正够她喝茶和吃饭的。生活既悠闲又惬意，因此非常满足。

一天，一个古董商人从老街上经过，偶然间看到妇人身旁的那把紫砂壶古朴雅致，紫黑如墨，有清代制壶名家戴振公的风格。他走过去，顺手端起那把壶。发现壶嘴处有戴振公的印章，商人惊喜不已，因为戴振公在世界上有捏泥成金的美名。据说他的作品现在仅存三件，一件在美国纽约州立博物馆里，一件在台湾"故宫博物院"，还有一件在泰国一位华侨手里。

商人想以15万元的价格买下那把壶。当他说出这个数字时，妇人先是一惊，后又拒绝了，因为这把壶是她祖辈留下来的，他们几代人都喝这把壶里的水。

壶虽没卖，但商人走后，妇人有生以来第一次失眠了。这把壶从小就陪伴她，并且一直以为是把普普通通的壶，现在竟有人要以15万元的价钱买下它，她转不过神来。

过去她躺在椅子上喝水，都是闭着眼睛把壶放在小桌上，现在她总要坐起来看一眼，这让她非常不舒服。特别让她不能容忍的是，周围的人们知道她有一把价值连城的茶壶后，蜂拥而来，有的打探她还有没有其他的宝贝，有的甚至开始向她借钱。她的生活被彻底打乱了，她不知该怎样处置这把壶。

当那位商人带着20万元现金再一次登门的时候，妇人再也坐不住了。她招来自己的几房亲戚和前后邻居，当众把那把价值连城的壶砸了个粉碎。妇人是智慧的，因为她不愿意自己原本平和的心情被那价值连城的壶干扰，所以宁愿毁了源头，还自己一片宁静。

这种智慧，是面对金钱枷锁还能保持自我的大气与沉静。相比那些终生埋头在金钱的营求之中而不见天日的人，无疑那些能以沉静之心看待金钱的女人更快乐，因为她们不会陷于永无止境的追求物欲的轮回，她们能跳出这个金光闪闪的圈子去追求自己真正想追求的。

有一天，几位分别了多年的同学相约去拜访大学时的老师。

老师见了大家后很高兴，问他们生活得怎么样。没想到，这一句话就钩出了大家的满腹牢骚。大家纷纷诉说着生活的不如意：工作压力大呀，生活烦恼多呀，做生意的商战失利呀，当官的仕途受阻呀，一个个仿佛都成了时代的弃儿。

老师笑而不语，从厨房里拿出了一大堆杯子，然后摆在茶几上。这些杯子各式各样，形态各异，有瓷器的，有玻璃的，有塑料的，有的杯子看起来豪华而高贵，有的则显得普通而简陋。

老师说："大家都是我的学生，我就不把你们当客人看待了。你们要是渴了，就自己倒水喝吧。"

众人正好都说得口干舌燥了，便纷纷拿了自己看中的杯子去倒水喝。等大家手里都端了一杯水时，老师说话了。他指着茶几上剩下的杯子说："你们注意了没有，你们手里的杯子都是最好看、最别致的杯子，

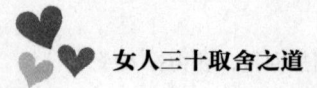

而像这些塑料杯却没有人去选它。"

当然，大家对此都不觉得奇怪，因为谁不希望自己拿着的是一只好看的杯子呢？

老师继续说："这就是你们痛苦和烦恼的根源。大家需要的是水，而非杯子，但我们总是会有意无意地去选择漂亮的杯子。这就如同我们的生活，如果生活是水，那么工作、金钱、地位这些东西就是杯子，它们只是我们盛起生活之水的工具。其实，杯子的好坏，并不影响水的质量。如果将心思花在杯子上，我们哪里还有心情去品尝水的苦甜啊。这不就是自寻烦恼吗？"

是的，我们真正需要的是水，而不是杯子，但人们往往本末倒置。金钱的力量很大，可是我们的人生真正需要的绝不是金钱，那些我们真正所求的东西都不是靠金钱就能获得的，金钱能买到一张精致高级的床铺，却不能给你一个美好的梦境；金钱能买到治人病的药，却不能还你一个原本健朗的身躯；金钱能买到可口的食物，却不能令你开怀大笑、胃口大开；金钱能买到装帧得很精致的书籍，却买不到真正为人处世的知识。

人的生命，好比昙花一现，不过短短几十年，这样短暂的生命里，还有什么比我们的快乐更重要呢？

聪明的女人，懂得如何用金钱去获得自己真正想要的。这种快乐的支配方式，能让人明白金钱不过是一个工具，而不是目的。抛开金钱的束缚，女人也会更轻松！

三十岁的你要学会更理智地看待物质与精神的关系，控制自己对身外物的贪欲，更多地关注自己的内心世界，学会聪明地支配自己所得，因为开心的笑容远比戴上手指上的钻戒更耀眼夺目。

不要在别人面前刻意地表现自己

俗话说"木秀于林，风必摧之"，老子也曾说"良贾深藏若虚，君子盛德貌若愚"，意思是说商人总是隐藏其宝物，君子品德高尚，而外貌却显得愚笨，这句话是要告诉我们要学会韬光养晦，藏锋露拙，不要事事都争着抢先，不分场合地表现自己，一则会招致他人的蔑视或忌妒，为自己树敌；二则让自己一览无余地被他人看透，这样很容易被他们支配。女人学着收敛、学着谦卑，生活才会更顺利，也更容易让人亲近。

法国哲学家罗西法古说："如果你要得到仇人，就表现得比你的朋友更优越；如果你要得到朋友，就让你的朋友表现得比你优越。"当今社会表现自己并没有错，但是，表现要分场合、要注意表现形式。

你可能工作能力真的很强，心地也很善良，并且为人诚恳，处世果断，但是看看你身边那些比你能力逊一些的人，她们和你相比，谁过得更好？或许你以为这只是运气在起作用，或者说只是偶然，但是如果你

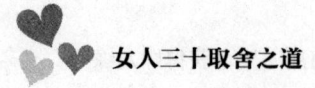

愿意认真分析，总会发现一些你们的不同之处。

怡是个要强的女人，读书时成绩很好，每次考试，哪怕只是小小的测验，她都要求自己做到最好，不一定拿最高分，但要尽全力。毕业后她有了份良好的职业，因为优秀，她常常自以为是，与同事相处时，张扬的个性使得她处处碰壁，机会一次次从她身边滑向别人。个人问题亦是如此，在公司的酒会上，她认识了一个让她一见倾心的男士，顺其自然地与其建立了恋爱关系，可她处处要强，虽然心里很爱也很珍惜他。有一天，她发现她所挚爱的人脚踩两只船，没有回旋的余地，她要他必须做出选择。其实他是因为受不了怡的个性才去找了个临时停靠的港湾休息一下，但他最终选择了那个各方面条件都远不如怡的女孩，理由是她柔情似水，看上去就是个需要别人保护的小女子，而怡则很坚强，不容易受到伤害。

付出了全部的爱之后却面对这样一个结局，怡把自己关在屋里，整整一个星期足不出户。

朋友安电话中开导怡："知道你的症结所在吗？就是太好强了，女人还是表现得柔弱点好。工作中，当你向着一个目标努力时，可以采取迂回战术，而不必过于张扬。在这个男权主导的社会里，谦虚其实是女人的秘密武器。因为谦虚，职场上的男性竞争者会忽略你的存在，不拿你当对手，在你遇到困难时帮助你；因为谦虚，生活中男人们会撕下虚伪的面具，和你做朋友，向你吐露些发自内心的话；因为谦虚，出色的你在同性中也不致太招眼球而引来口水泛滥……谦虚使你遮掩毕露的锋芒，让你能够得到并把握机会，从而以退为进，成为最后的赢家。生活里，谦虚会使你的爱人感觉到你很需要他，从而给予你关心和爱护。"

再看安，因为深谙谦虚之道，已近三十五的年龄绝对不占优势，却能够在激烈的岗位竞聘中立于不败之地。每一次她在工作中遇到与别人观点不一致时，都会坦言自己的看法并征询："这只是我个人的看法，或许不免全面，你认为如何？"年轻时就是个美女，而今风韵犹存，企业里，像她那样风情万种的女人，吸引男人目光的同时也是女人眼中关注的对象。在与女人打交道时，她总能挖掘对方外形、装扮上或是个性上的优点，并将其轻微地扩大，再适时地表达出来，让听的人很是受用，而成了她的朋友。工作取得成绩被领导表扬，她会拿出部分奖金请同事们去大吃一顿，用让人能感觉到的真诚对大家说，成绩是共同努力的结果，只是她幸运地成了功劳的落脚点。于是，大家就都没了意见。无数任领导换了又换，每一任都对她留下了颇好的印象：有能力，会做人。在家里，聪明的她常用崇拜的目光看她的老公，即使在她一眼看穿老公的小计谋时。结婚十多年后的今天，老公依然当她是宝贝，总是想努力工作，为她创造更好的生活条件。

怡恍然，原来如此，如今快节奏的时代提倡表现自己的个性，但做个谦卑的女人，岂不更好？

真正精明的女人，往往都会小心翼翼地将自己的优势隐藏起来，用一颗谦卑的心去向别人虚心求教。就好像安一样，即使她真的很有决断力，但是却仍然询问他人的意见。即使她真的付出了很多，但最终会将功劳分到伙伴身上。这就是由谦卑之心生出的生活法则。

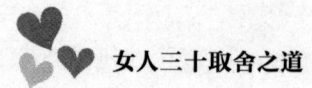
　　谦卑不是在势高一等的人面前畏畏缩缩，而是一种睿智，是放下身段，放下张狂，是理解与包容，是有所为有所不为，是不急功近利，是难得糊涂，是大智若愚。谦卑还是一种为人处世的方法，设身处地地去体会别人的感受，站在别人的立场及利益思考问题，是用柔软的姿态，饱含坚实的信念。

　　山很谦卑，它不会刻意表现自己的巍峨，所以总是沉默寂静，可它却在无言中耸立成一座风景；水是谦卑的，它不会刻意表现自己的活力，所以总是默默向下流动，可它却流成了江河湖海。

　　春天很谦卑，它不会刻意表现自己的力量，所以总是在凌厉的冬后悄然而至，可它却温暖了所有的生命；秋天很谦卑，它不会刻意表现自己的成熟，所以总是在喧闹的夏后静静到来，可它却带来了硕果累累的丰收。

　　有一位得道高僧，以其拥有高明的智慧而闻名全国。因此，国王请他来给自己和大臣们讲了几天佛法智慧。待高僧要回寺院之前，高僧送给了王子一套三个小玩偶的礼物。然而，王子却似乎对这套礼物不怎么喜欢，他问高僧："你给我这些玩偶，是把我当成了女孩子吗？"

　　"这是一件给未来国王的礼物，"高僧说。"如果你仔细地看，你会发现每个玩偶的耳朵上都有个小孔。"高僧递给了他一根绳子说，"试着从每个玩偶的耳朵穿进去。"

　　王子的好奇心被激起来了。只见他把绳子穿进了第一个玩偶的耳朵，然后绳子从另一个耳朵穿了出来。

　　"这是第一种人，"高僧说，"无论你告诉他什么，他都会从这个耳朵进，那个耳朵出，他不会把任何事情记在心里。"

王子又把绳子穿进第二个玩偶的小孔里，这一次绳子从玩偶的嘴里穿了出来。

"这是第二种人，"高僧说。"无论你告诉他什么，他都会告诉所有的人。"

王子拿起第三个玩偶重复了前面的过程，绳子没有从任何部位穿出来。

"这是第三种人，"高僧说，"无论你告诉他什么，他都会深深地藏于心底，从不会说出去。"

"哪种类型的人最好呢？"王子问。

高僧从怀里掏出了第四个玩偶递给王子，作为答复。

当王子把绳子穿进玩偶时，绳子从另一个耳朵穿了出来。

"再试试，"高僧说。王子重复了刚才的动作，这次绳子从玩偶的嘴里穿了出来。当他第三次把绳子穿进玩偶时，绳子再也没出来。

"这就是答案。"高僧说，"要想成为一个智慧的人，应该懂得什么时候不应该听，何时保持沉默，以及何时开口说话。"

同样，谦卑的女人就像第四种人，永远不会过于表现自己，她们总是能敏锐地区分场合，知道自己该说什么，不该说什么，以及该怎么做。她们总是能理智地控制自己的表现欲望，让自己的行为恰到好处！她们有时还会把一些表现的机会让给更需要的人，她们也往往因此受到大家的欢迎。

在生活各个不同的角落，我们都会发现，有一颗谦卑的心，无论是

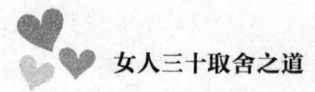

健康、爱情、人际关系、工作，我们都可以坦然接受挫败，学习经验教训。有一颗谦卑的心，我们都可以感悟一些为人处世的方法，不断积累出成功之道。有一颗谦卑的心，我们都可以获得更多友善亲切的回应，探索出快乐之法！

有人把女人比做孔雀，因为爱表现。但精明的女人不会乱"开屏"。她们更愿意做一个聆听者和旁观者，在真正需要她表现的时候才会站出来成为焦点中心。她们明白自己站出来不是为了出彩，而是为了解决问题。而当她们用自己的谦卑和友好打动身边的每一个人时，那种满足才是真正让人享受的。

受到别人的帮助，一定要心怀感恩

从小到大一路走来，我们要感谢的人真的很多，我们要感谢的事情也真的很多。生命是一个奇妙的旅程，我们会在旅程中遇到很多人，经历很多事，我们碰到的人都可以说是一种奇遇和缘分。我们应该感谢这个世界给我们带来的一切，不管是快乐还是忧愁。我们应该珍惜生命中的每一个细节，因为他将成为我们人生中一段又一段美好的回忆。常有一颗感恩之心，生命也会带给我们更多的欢喜与感动。

在某电视台的现场采访节目里，一位家庭幸福的女作家与听众互听热线。女作家问："您觉得女人最重要的品质是什么？"听众说了一大堆：善良、优雅、漂亮、财富等，女作家一一否定说："不！你们说的这些都是次要的，最重要的是——人要有一颗感恩的心。"

在一个闹饥荒的城市，一个家庭殷实而且心地善良的面包师把城里最穷的几十个孩子聚集到一块，然后拿出一个盛有面包的篮子，对他们说："这个篮子里的面包你们一人一个。在上帝带来好光景以前，你们每天都可以来拿一个面包。"

瞬间，这些饥饿的孩子一窝蜂拥了上来，他们围着篮子推来挤去大声叫嚷着，谁都想拿到最大的面包。当他们每人都拿到了面包后，竟然没有一个人向这位好心的面包师说声谢谢，就走了。

但是有一个叫伊娃的小女孩却例外，她既没有同大家一起吵闹，也没有与其他人争抢。她只是谦让地站在一步以外，等别的孩子都拿到以后，才把剩在篮子里最小的一个面包拿起来。她并没有急于离去，她向面包师表示了感谢，并亲吻了面包师的手之后才向家走去。

第二天，面包师又把盛面包的篮子放到了孩子们的面前，其他孩子依旧如昨日一样疯抢着，羞怯、可怜的伊娃只得到一个比头一天还小一半的面包。当她回家以后，妈妈切开面包，许多崭新、发亮的银币掉了出来。

妈妈惊奇地叫道："立即把钱送回去，一定是揉面的时候不小心揉进去的。赶快去，伊娃，赶快去！"当伊娃把妈妈的话告诉面包师的时候，面包师面露慈爱地说："不，我的孩子，这没有错。是我把银币放进小面包里的，我要奖励你。愿你永远保持现在这样一颗平

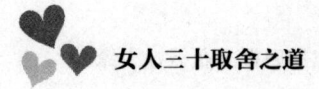

和、感恩的心。回家去吧，告诉你妈妈这些钱是你的了。"她激动地跑回了家，告诉了妈妈这个令人兴奋的消息，这是她的感恩之心得到的回报。

其实对于我们每个人来说，在受到帮助的时候，不是都应该真诚地说声"谢谢"并且找机会回报吗？懂得感恩并懂得知恩图报的人，是幸福的。因为懂得感恩，就意味着心灵丰盈。一个丰盈的心灵，不会被太多计较以及其他负面的情绪占满，自然也就更快乐。

小草因为心存对阳光雨露的感恩，所以总会在枝叶上折射出雨露的光辉。雄鹰心存对蓝天的感恩，所以会展翅飞翔为广阔的天空多添一份活力。溪水心系对高山的感恩，所以从山涧低吟而下，为高山多了一份清澈之景、天籁。鲜花心存对大地的感恩，所以在田野里绽放，以沁人的芬芳来回报。

会感恩的女人，在她身上必然会不断地涌动出温暖、自信、坚定等这些美好的处世品格。会感恩的女人，会为自己所拥有的而高兴，会因为每一次收获而雀跃，因为她会觉得这是生活的赐予。会感恩的女人，在面对挫折时，也不会长久地陷入悲伤，因为她会觉得这是生活有意的安排，是为了让她更坚强。会感恩的女人，在生活中会有一颗大度之心，因为她总是会"滴水之恩涌泉相报"，不会锱铢必较，自然心里少了很多坦然。

很多人受到别人的帮助，一声"谢谢"之后，并不会去想自己也能为别人做些什么。无论你的地位是尊贵还是卑微，无论你生活在何地何处，或是你正在经历着怎样特别的生活，你一定都能为别人做点什么。

玛里是一个会计，一天晚上她驾车回家，穿过一个十字路口时，一辆警车高速闯了红灯。玛里没有错，是警车撞在她的车子上。

目睹这场车祸的人都觉得她肯定难逃一死，但玛里幸免于难。这个29岁的女孩子遭受了骨盆、腓骨和踝关节骨折的重创，还有子宫穿孔，卵巢、肾脏及膀胱受伤，她的心脏和右肺也受到了损伤。

玛里，这个前啦啦队队员以前每天跑5千米，现在却每天和痛苦相伴。一般来说，像她这种骨盆损伤的人都不能行走了，但不必和玛里交谈很多，你就能知道她是个非常有决心的人。现在，玛里能瘸着走路了。

玛里尽量让访问她的人知道，对于他们的探访和礼物，她是多么的感激。"有时我会和那些人说'谢谢你那天去看我，那天我正呆得无聊呢'。我尽量把所有为我祷告的人加在我的祷告名单上，要不然对他们不公平。他们为了我花了许多时间和精力，对我有很强的信任，应该得到报答。"

感恩以感恩来报答，祷告迎来更多的祷告。

玛里说："我原本是会在车祸中死去的，可是活下来了，我对此很感恩。"她觉得她比以前更乐于助人了。"当你受了许多苦以后，你对别人和别人的感觉变得敏感了，我觉得这就是上帝的目的，他使我变成了更好的人。"

现在，玛里已经回到了工作岗位，她开了个博客，专门接收来自偏远地区的求助信息，并且将信息传达出去，号召别人捐出自己的一份爱心。

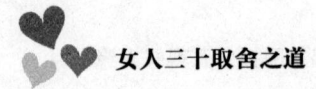

同时，她还会常常鼓励那些需要帮助的人，告诉他们："不要把注意力集中在你自己身上，尽量想想明天，并对小的事情感恩——对帮助你的人、对你面前的三明治，直到你觉得好一些为止。"

很多人在成功时，感恩的理由很多很多，但失败时却只会抱怨。其实像玛里那样，在不幸的时刻换一种态度去看待人生，对生活充满感恩，能使自己永远保持一种健康的心态。并且以己之力去帮助别人，自己也能获得很多生活的热情。因为你感恩生活，心态就会不一样，生活也就不一样；你不懂感恩，就总是会觉得"为什么我不可以快乐"。正如英国作家萨克雷说："生活就是面对一面镜子，你笑，它也笑，你哭，它也哭。"

受人之恩，报己之力，如果我们都能这样想、这样做，我们的生活还会觉得冰冷吗？

如果你想改变自己的心情，不如就从现在开始换一种心态去生活吧。那些伤害过自己的人，不要再用仇恨的眼光去看待，尝试着去理解、去原谅。如果你够豁达，感谢他们让你变得更坚强、更成熟。那些在某个时刻给过你帮助的人，请记得他们给你的帮助，并且找机会回报。对那些经常在你周围出现的人，即使他们没有给过你帮助，也以感激之心去对待，因为他们也给你带来了很多生活的体会。抱着这种心态去生活，我们必定能心境平和，常充满欢喜。

维护闺房密友的锦囊妙计

拥有"闺蜜"是一把双刃剑。一方面你有了一个可以陪你哭陪你笑、为你打抱不平、出谋划策的伙伴。另一方面，你也必须考虑两人之间的信任度究竟有多深。现实生活中，被"闺蜜"出卖的例子屡见不鲜。因此，学会维护闺房密友的关系，将两人的亲密度控制在一定的程度上，才能享其好处，免其弊处，一起共享这份只有同性之间才能明白和理解的闺中情怀。

人生中总会有那么一个或者几个人，陪着我们走过很多艰难的岁月，直到我们有一天华发暗生，仍然可以一起坐在摇椅上，仍然可以感觉到当年的气息，她们有个统一的名字，叫"闺中密友"。像亦舒小说《流金岁月》中的蒋南孙和朱锁锁，像琼瑶小说《烟雨蒙蒙》中的依萍和方瑜，不管岁月如何更迭，人事如何变迁，两个女孩子之间的情谊却从不改变。她比你的亲生父母和知心爱人还要了解你，她知道你上小学时暗恋过的那个男生叫什么名字，你知道她男友不吃土豆和蘑菇，你把你前男友的照片和信件放在她家寄存，她为你的爱情问题出谋划策，你为她的工作受挫而黯然伤怀，她为你想吃一顿大餐而忙活一上午……

在女人们眼中，拥有"闺蜜"还是一种生活方式，不定期的聚会、彼此间的倾诉都已经成为一种常态。可以说女人可以单身，但绝不可以没有闺蜜。很多女人在恋爱或者结婚后，就会不由自主地将精力全部投入与心爱之人的生活中，不知不觉就慢慢地疏远了闺中密友，这实在是

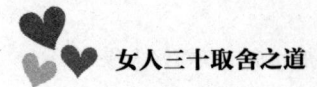

一种不明智的做法。这样一来，假如有一天你工作上遇到了一些烦恼，或者家里有了矛盾，会连个可以倾诉的人都找不到。

所以说，闺蜜对于一个女人来说，也是需要维护的。生活中也常出现与最好的闺蜜"反目成仇"的事情，让人感慨丛生。如何处理好与"闺蜜"的关系，就显得尤为重要了。三十岁女人的闺蜜，相比少年时期也发生了很大变化。大家在某一程度上开始了独立，学会了保持距离，不再像以前会整天腻在一起，也不随便掺和八卦对方的私事，可以说，现在的闺蜜更倾向于成熟理智的交往形式。也正因如此，与闺蜜相处，不能再像儿时一样随性，它需要你用心去经营。

无论多忙，都要经常与闺蜜保持联系。这种联系可以十分简单：发一条短信，打一个电话，或者在 QQ 上留句问候。如果在同一个城市，可以利用午休或下班时间，约在合适的地方，与她一起逛个街，喝喝咖啡。与闺蜜在一起活动，也要注意顾及对方的感受。因为随着际遇的不同，你们的生活可能已经有了很大的差别，不要请一个工资 3000 元的闺蜜陪你去买上万块钱的衣服，还不断感叹这衣服如何便宜如何划算。这样就算你请人家吃再多次饭，人家心里也会有疙瘩，感觉与你产生了距离。

随着年龄增长，与闺蜜相处，还得特别注意必须改变的几点相处方式。

首先，从前的闺蜜之间往往无话不谈，恋爱之间的小甜蜜也会互相分享，更别说彼此的一些不能为外人言的某些创伤。但如果哪一天她的秘密被泄露，你便是第一个怀疑对象。你也是一样。如果哪天关系破裂，你们彼此那些被对方了若指掌的过去无异成了一把利器。现实生活中太多闺蜜反目成仇是因为对方知道很多自己的事，当两人关系不再时，对方就成了自己第一个要提防的对象。虽然闺蜜有守密的义务，但千万不要对此抱太大希望，因为她并不只有你一个闺蜜，难保她不会有意或无意地把你的秘密告诉自己的新闺蜜。所以，闺蜜之间的秘密也应当有个度，说得越多，麻烦是非也就越多！

其次，闺蜜之间性格和审美常常会有很多共通点，其中也包括对男人的看法。闺蜜演绎情人的事情不管是电视剧还是现实生活，都已经很寻常了。而对于你的男友或者丈夫来说，她与你的共同点会令他产生好感，不同点则很可能会慢慢成为一种吸引。而且女人又总是喜欢在闺蜜面前说自己男友或老公的优点，在老公面前又喜欢说自己的闺蜜，这样让两人之间熟悉又陌生，有一些了解又有些神秘，结果可想而知，不管是他爱上她，还是她爱上他，对于你而言，这都将会是一个很难愈合的伤害。闺蜜原本是拿来御寒的小棉袄，但在面对异性的时候，女人"重色轻友"的共同点会暴露无遗。所以，不管你与闺蜜的感情多好，不管她遇到多大的困难，都不要将她频频带入你的家中，让她有很多机会介入你的爱情中。

最后，在你遇到一些情感问题时，闺蜜常常会帮你出谋划策，但很多时候，往往容易弄巧成拙。情侣之间或者夫妻之间一时的矛盾冲突往往会因为外人的参与而更加尖锐。因为闺蜜不是你，她亦无法明白你内心深处的最真实的想法，如果你的丈夫又很相信你的闺蜜代表着你的观点，很可能她在你老公面前说的一句话就足以改变你婚姻的走向。另外，作为调停人的闺蜜永远都比正处于感情混乱中的你更理智、更温柔、更善解人意，当你在爱人心中变成不讲道理的女人时，她亭亭

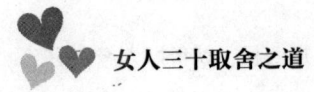

玉立地出现在他身边，而男人们在别的女人面前像个受伤的羔羊，把自己的真情实感拿来摆在闺蜜面前，两人自然多了一次气氛再好不过的"独处"机会。所以，当感情出现问题时，最好由自己出面，而不是请闺蜜代替，她永远只能是站在安慰你的角色，而不是帮你做决定，或者做你的代言人。

　　那天下午，和同事逛街时，琪琪看到了星巴克临街的窗口，坐着一对含情脉脉的男女，正同饮着一杯咖啡。那种神情和笑容，分明是恋爱中人才有的。他们一个是琪琪的男友，一个是琪琪的好友。到底发生了什么？琪琪不知所措，泪水滂沱地问她的男友："为什么会这样？"

　　"其实你就是我们的红娘。"男友叹气。

　　刚开始和男友谈恋爱时，琪琪就决心把男友带入自己的朋友圈子。小雅是琪琪最好的朋友。琪琪认为他们都是自己深爱的人，理所当然相处融洽。所以，每次琪琪和男友约会的时候，总要叫上小雅，反正没有男友的小雅很闲。刚开始他们都觉得别扭：男友想和琪琪有更多的二人世界，小雅不愿意当灯泡，但都拗不过琪琪。到后来大家就习惯了，常常是男友说叫上小雅吧，人多热闹一点。

　　三人行融洽而快乐，琪琪每次和男友闹别扭，小雅就会想办法从中调和。相恋两周年纪念日的时候，琪琪两人还一起敬了小雅一杯酒，说她简直是他们爱情的稳固剂。琪琪曾认为自己是这世上最幸福的女孩，同时拥有了爱情与友情。

　　现在琪琪突然被噩梦惊醒，被男友和好友同时"背叛"的重重地打击了她对感情和友谊的看法。

　　琪琪很可爱，也很善良，但是就是因为没有处理好与闺蜜之间的关系，所以才一手将自己的闺蜜培养成了自己的情敌，既失去了一个好友，也失去了一个最爱的人。而她自己，成了一个名副其实的笨女人。

　　所以，不管如何，我们都应该根据实际，好好思量怎么样更好地维护与闺蜜的关系。如果真的有一天，因为价值观的改变，或者矛盾出现，你们从闺蜜自然地变成了普通朋友，也要保持着作为普通朋友的为人原则，毕竟人生就像一列火车，总有人上车有人下车，能够陪你从起点到终点的人少之又少，但任何时候，我们都要抱着一种开放乐观的心态对待友谊。

　　提到闺蜜，你的脑海中一定马上闪现出了一个人的样子，没错了，那就是你最好的朋友。不管现在你有多忙，不如停下来给她一句问候，或者在网上给她选个小礼物寄过去吧，因为你们彼此相伴实在太不容易。将你们的关系当做一项事业去经营，你们都会感受到更多闺蜜的乐趣，也走得更远。

帮别人一把也是在帮助自己

　　当我们想着从别人那里获得什么时，有没有想过，自己给予过别人

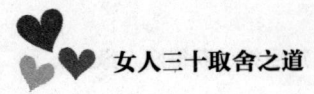

什么呢？得不到时不开心，失去时怪别人太绝情，但是如果反过来想，为什么我们一定总是得到呢？难道我们不能无条件地为别人做些什么吗？在这个世界上，给予是一件可以让人生充满幸福感的事。作为三十岁的女人，只要你真心付出，不求回报，生命就将赋予你另一种美丽的色彩，让你今后的人生因为给予而温暖。

每天我们脑子里想得最多的就是自己能得到什么，不管是精神上的还是物质上，总而言之我们在这个世界上不停地索取着，却忘记了自己能给予什么。我们欣赏花儿，却忘记了给予它们照顾，我们获取温暖，却常常忘记感谢阳光。塞内卡说："让自己获得好处的最佳方法，就是将好处施诸别人。"当我们想获得什么时，最好先给予。

美国散文作家爱默生说："人生最美好的一项补偿，就是凡事诚心诚意地帮助他人，最终自己也一定会受益。"

小双参加招工考试，这次共招两名文秘人员，但报名者甚众。经过笔试，共有 14 人进入面试阶段。下午，参加面试人员按时来到指定地点抽签。大家怀着忐忑不安的心情，心里盼望着能抓个好号。

坐在小双旁边的一位男生，因为家庭情况比较特殊，母亲生病常年卧床不起，父亲下岗靠蹬三轮车为生，为培养其上大学，家里已经借下了一大笔钱，急需要他有个安定的工作，来撑起这个濒临倾塌的家庭。他笔试成绩排名第一，只要面试发挥正常，应该没多大问题，但偏偏在这时抽了个 1 号签。

大家都清楚 1 号签意味着什么，意味着即使你发挥再好也不可能得最高分。望着那张悲楚万分近乎绝望的表情，小双突然做出一个令所有人惊异的举动——她主动要求第一个面试，并把手中的 5 号签与之作了调换。见对方心存不安，他连忙安慰，自己无所谓，因为笔试排名第二，面试成绩已经无足重轻。说完，他一身释然地走向了考场。

结果出乎所有人意料！由于一身轻松加之帮助别人后的几分兴奋，小双竟在面试中脱颖而出，比第二名成绩高出整整 5 分，而这个第二名恰是那位第五个上场的同学！最后，小双和那个人被双双录用。

有人说要不是小双的热心一助，那位同学不可能在面试中名居第二；也有人说，正是小双的古道热肠才使他自己能轻装上阵，一举成功。不管怎样，你想要获得好的成就、好的人缘，就要有服务、帮助别人的习惯，学会在举手投足之间撒下一粒粒关爱的种子。而这粒种子指不定就在哪一天长成参天大树。而人生的成功就在"帮人"与"被帮"之间。从禅学上讲，人若不懂得布施，便不会体验到自己的富有；自己不知道付出，就体会不到自身的价值和乐趣！

许焕近来被上司指派了一项棘手的任务——做一个竞争对手在市场份额占有方面的分析报告，而问题是许焕对竞争对手并不十分熟悉，尤其是他们的一手数据更是属于商业机密，很难拿到，因此许焕为了这件事情几日来都是愁眉不展。一个同事见状，给他透露了一个信息：销售部的主管李凹原来就是对手公司的，他那儿应该有一手的资料。许焕一想不错，自己何必舍近求远呢？于是他决定找个时间去拜访李凹。

许焕敲开李凹办公室的门，见他正在打电话。从内容可以推测出这

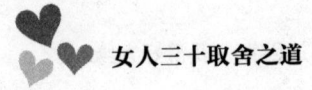

是个私人电话，李凹正在拜托一个朋友帮忙买一套限量版的首饰。打完电话，李凹显得比较沮丧，看来事情办得并不顺利。

许焕说明了来意，但是李凹表示自己对以前公司还是有着比较深厚的感情的，不愿意透露这些数据给许焕，因此说话含糊、概括、模棱两可，无论怎样好言相劝都没有效果。这次见面的时间很短，没有达到实际目的。

第二天，许焕挑了一个李凹休息的时间又来了，这次他跟李凹说了报告的重要性，经过一番劝说，李凹终于答应给许焕他想要的资料。他把他所知道的全都说了出来，而且还当即打电话给他以前的一些同事，把一些事实、数字、报告的相关内容全部告诉了许焕。过了几天，李凹来到自己的办公室，他惊呆了，因为桌上摆着一套首饰，正是他苦苦寻觅而不得的"宝贝"。

原来，许焕那天无意听了李凹的电话之后，立刻打电话给自己一个做珠宝生意的朋友，让他帮忙找一下那套限量版的珠宝。没有几天，朋友回信说："可以买到！"许焕立刻购置下来，并将它送给了李凹。

"太感谢了，许焕！你知道它对我意味着什么吗？我太太十分喜欢它，这是她想要的生日礼物。我爱她，想满足她的愿望！"李凹感激地说。之后，他喋喋不休地讲述着他和太太的恋爱史，俨然把许焕当成了一个老友。

浇灌对方的瓜田，会结出更甘甜的果实。给别人点亮一盏灯，也是在给自己照明前方的路！在生活中，只要你留心就会发现，为对方搬一块垫脚石，恰恰也是在为自己铺路。

　　生活中的每一天都需要我们的付出，经常帮助你的同事，你的工作做起来会顺利很多，帮助你的对手，不但能很容易地化解矛盾，还能收获对方的尊重和友善。

　　然而，现实生活中，总有人对"助人如助己"这个道理理解不清。无论在工作上，还是在生活中，有的女人本着"事不关己，高高挂起"的态度袖手旁观；有的女人助人只是做表面文章，有些女人是为了回报而去提供帮助……这些做法都只会让我们的生活变得越来越缺乏人情味。

　　其实，我们要获得快乐和温暖，一个很好的办法就是帮助别人。当你为别人付出的时候，本身就会体验到一种自我的价值。而当你的爱心意外得到回报时，心情会更愉悦。而一个有成就的人，往往不是凭着个人的努力就可以达到自己的理想境地，有时候还要适时地遇上贵人的帮助。

　　所以，在我们生活的时时刻刻，都注意帮别人一把吧，有时候真的只是挪一下位置、指一下路这么简单，但是于人于己都是善举！

　　当别人遇到难处的时候，真诚地送上自己的慰藉；当节日来临的时候，给予别人自己最真挚的祝福，不管他是你的朋友、同事、家人，或者那只不过是一个陌生人。也许刚开始的时候，你会觉得这样做没有什么意义，但是时间一长，你就会发现无私地给予已经让你的生活在无形之中改观。

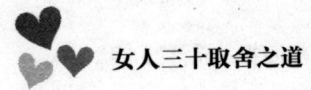

学会与同事交往

在中国的处世哲学中，中庸之道被奉为经典之道。中庸之道的精华之处就是以和为贵。同事作为你工作中的伙伴，难免有利益上的或其他方面的冲突，但你每天大部分时间与之相处，抬头不见低头见。为了避免出现尴尬的局面，我们都应该学会如何与同事交往。做一个办公室里受欢迎的女人，这不仅关乎你的工作，更关乎你生活的心情。

对于每天都付出 8 小时的时间待在其中的办公室，不同的人有不同的评价。有人形容它为"地狱"，有人则视它为实现梦想的平台。也有人把它当作一个社会的缩影，一切奸诈欺哄、互相倾轧在办公室里都能找到。其实谁都希望在我们的工作环境里建立良好的人际关系，让自己有一个愉快的工作氛围，可以使我们忘记工作的单调和疲倦，也使我们对生活能有一个美好的心态。可现实总不尽如人意，更多的不是人品问题，而是很多时候相互之间少了一份理解与包容。

作为女人，很容易生气，如果你要认真地计较的话，每天你随便就可以找到四五件生气的事情，如被人误会、同事犯错连累你、受人冷言讥讽、费力不讨好等。因此，在与同事相处中，因为是一种相互的关系，所以除了自身保持心胸豁达，还要注意以下几点。

（1）学会谦虚与沟通，不要处处咄咄逼人

在人际交往上，人与人之间理应是平等和互惠的，正所谓"投之以桃，报之以李"。那些谦让而豁达的人总能赢得更多的朋友。相反，那些妄自尊大，高看自己，小看别人的人总会引得别人的反感，最终在交往中使自己走到孤立无援的地步。

狮子和老虎之间爆发了一场激烈的战争，到了最后两败俱伤。狮子快要断气的时候对老虎说："如果不是你非要抢我的地盘，我们也不会弄成现在这样。"老虎吃惊地说："我从未想过要抢你的地盘，我一直以为是你要侵略我！"

日常工作中，有的人虽然能力很强，但因为太爱表现自己，处处想显示自己的优越，让人误会是想突出自己，贬低他人，结果使得与自己的合作伙伴相互猜疑、相互提防。如果相互能多一些沟通，就不会出现像狮子和老虎那样的激战。

（2）在犯错的时候不要强词夺理

20世纪最伟大的成功学导师，美国现代成人教育之父戴尔·卡耐基说："即使傻瓜也会为自己的错误辩护，但能承认自己错误的人更会获得他人的尊重。"在这个世界上，没有人会不犯错误，有时甚至还一错再错。既然错误是不可避免的，那么可怕的并不是错误本身，而是怕错了不悔过也不肯改，只会为自己的错误寻找理由。

如果你能把这次犯错当做教训，从中吸取经验，那么必将获得智慧。假若你的错必须向别人交代，与其替自己找借口逃避责难，不如勇于认错，对自己的行为负起责任，才能让你得到尊重。如果你在工作上出错，要立即向领导汇报自己的失误，这样可能会被批评一顿，可是会得到一个"诚实"的好名声。如果你所犯的错误可能会连累到其他同事的工作成绩时，无论同事是否已经发现，都要赶在同事找你"兴师问罪"之前

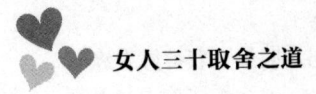

主动向他道歉、解释，这样才能避免冲突。

（3）学会尊重别人

《圣经》里有句被大多数西方人视为工作中待人接物黄金准则的话："你希望别人怎样对待你，你就应该怎样对待别人。"爱面子的确是人们的一大共性，乞丐也不愿受嗟来之食。聪明人在与同事交往的过程中，以平等的姿态与人沟通。因为如果你的同事在你面前有足够的优势，其自尊和面子足矣，无须你再奉承添加。而与你同一阶层或某方面不如你的人，很可能因为自卑而表现出极强的自尊，他仅有的一点儿颜面是需要你细心呵护的，如果你能让对方觉得受到尊重，对方便会对你产生好感。

（4）尽量避免与同事产生矛盾

同事各人的性格、脾气禀性、优点和缺点也暴露得比较明显，尤其每个人行为上的缺点和性格上的弱点暴露得多了，会引出各种各样的瓜葛、冲突。同事之间有了矛盾，仍然可以来往。因为时间长，矛盾也会逐渐淡去。只要你大大方方，不把过去的事当一回事，对方也会以同样豁达的态度对待你。

即使对方仍对你有一定的成见，也不妨碍你与他的交往。因为在同事之间的来往中，我们所追求的不是朋友之间的那种感情，只求双方能合作。化解同事之间的矛盾，你应该采取主动态度，如果对方不理解你的苦心，你不妨向他直接点明，以利于相互之间的合作。

（5）真心实意地帮助别人

法国著名哲学家卢梭说："天底下只有一个办法可以影响别人，就是想到别人的需要，然后热情地帮助别人，满足他们的需要。"日常的工作生活中，同事之间谁都有用着谁的时候，免不了互相帮帮忙。平常我们要设身处地地为别人着想，真正地了解别人的困难、需要什么帮助，并诚挚地表示你的关切。中国有句古话："有心栽花花不开，无心插柳柳成荫。"往往不在意回报的帮助，能给你带来意想不到的惊喜和幸运。

（6）学会微笑，不做冷美人

中国台湾著名作家罗兰说："没有人会拒好意于千里之外。"微笑是人类最美的语言。当你对别人微笑的时候，即使你什么也不说，别人也会给你以会心的笑容。多以真诚的笑脸待人，好人缘自然会聚集。

总之，作为三十岁的女人，只要你用心地去注意，并从以上几个方面去努力实践，那么做个让人喜欢的好同事，得到一个好人缘并非难事。

有些女人对同事之间关系很敏感，生怕自己冷落了谁，或者引起谁的不快。其实大家在同一个公司里工作，个人的交情肯定是大不相同，远近亲疏自然是存在的。只要秉着自己做人的原则，给人和善，对关系疏远的同事懂得真诚相待，对关系密切的同事懂得保持适当的距离，相信工作环境自然会很好。